KB269790

# 엄마표 빵 과자 만들기

최연지 지음

## 책을 내면서 …

아이를 낳고 키우면서 엄마의 마음을 이해할 수 있게 되었다. 엄마에 대한 고마움도 더 간절해졌다. 더 좋은 걸 먹이고 싶은 엄마 맘은 다 똑같겠지만 그게 말처럼 쉽지만은 않다. 밥, 반찬은 어떻게든 하겠지만 아이가 좋아하는 빵과 쿠키를 어떻게 직접 만들지… 어렵고 복잡하게만 느껴진다.

엄마에게 아이의 건강은 가장 큰 관심사이자 고민거리이다. 특히 요즘처럼 먹을거리는 넘쳐나지만 영양에 대한 의심과 각종 첨가물에 대한 불신이 팽배해져 있을 때는 더욱 그렇다. 또한 입만 즐거운 먹을거리와 각종 환경적 요인들로 인해 아토피로 고통 받는 아이들이 늘어나고 있는 요즘은 건강한 먹을거리가 엄마들의 고민을 넘어 어려운 숙제가 되었다고 할 수 있다. 때문에 우리 아이가 건강하게 먹을 수 있는 밥과 반찬은 물론 간식까지 직접 만들어 먹이고자 하는 엄마들이 늘어나고 있다.

이 책은 '나도 하고 싶다' 는 마음만 가지고 있으면 누구나 베이킹을 할 수 있도록 쉽게 구성해 보았다. 처음 들어보는 재료이거나 구하기 어려운 재료는 거의 없다. 대형 마트에 있는 베이킹 코너에만 가도 쉽게 구할 수 있는 재료들로 빠른 시간 안에, 간단히, 그렇지만 맛있게 먹을 수 있는 레시피들만 모아 보았다.

먹을거리를 단지 돈벌이로만 생각해 먹지 말아야 하는 것들을 넣고, 재료를 속이고, 양심을 속이는 사람들이 많아지면서 믿고 안심하고 먹을 만한 것들이 점점 사라져서 직접 만들어 먹는 것이 제일 마음이 놓이는 것이 현실이다.

이 책에 나오는 모든 메뉴들은 아이들이 건강하게 먹을 수 있도록 불필요한 합성 첨가물은 과감히 생략한 레시피를 지향하고 있다. 내 아이가 먹는다는 생각을 하면서 메뉴를 구성하고 레시피를 새로 정리했다. 나의 작은 노력이 아이에게 건강한 먹을거리만 주고 싶은 엄마들의 마음에 작은 보탬이 되었으면 한다.

끝으로 내가 하고픈 일을 맘껏 할 수 있게 도와주는 영원한 나의 지원군인 사랑하는 엄마와 조서방, 무엇보다 소중한 나의 딸 하연이, 그리고 베이킹을 하면서 만난 모든 인연들에게 고맙다는 말을 전하고 싶다.

최연지(juicy0070@naver.com)

# Contents

## Part 1

아토피가 있는 아이들을 위한
### 건강간식

## Part 2

투정이 심한 편식쟁이를 위한
### 엄마표 과자

## Part 3

비만이 되기 쉬운 우리 아이를 위한
# 쿠키 & 케이크

## Part 4

창의력을 키워주는 엄마와 함께 만드는
# 파이 & 쿠키

## *Plus Item*

## 우리 아이 **파티상** 차려주기

# 이런 도구가 필요해요

**홈** 베이킹을 위한 책들을 보면 필요한 도구들이 참 많다는 생각이 든다. 어떤 경우엔 베이킹을 직업으로 가지고 있는 나보다도 다양하고 좋은 도구들이 많아 놀랄 때가 많다. 사실 홈베이킹을 하기 위해 꼭 필요한 건 저울과 오븐뿐이다.

홈베이킹을 시작하면서 도구들을 모두 사놓고 시작하는 사람들이 있다. 그런데 꼭 필요하고 자주 쓸 것 같던 그 도구들이 처치곤란의 짐이 되어버린 경우를 종종 본다. 좋다니까 필요하다니까 사긴 샀는데 어디에 어떻게 사용하는지도 모르겠다는 사람들도 많고, 재료도 일단은 종류별로 다 사놓고 시작했다 결국은 반 이상은 유통기한이 지나 버리는 사람들도 있다.

베이킹에 대한 관심이 늘어남에 따라 요즘은 마트에만 가도 베이킹 코너가 따로 마련되어 있어 웬만한 재료와 도구는 금방 살 수 있다. 그러므로 무조건 사들이고 시작할 필요는 없다.

"홈베이킹을 하기 위해 반드시 갖춰야 할 것은 오븐과 저울뿐이다." 나머지는 현재 내 상황에 맞게 그때 그때 대체해도 되고 추가로 구입해도 늦지 않다. 도구와 재료가 많다고 모든 빵과 과자를 다 구울 수 있는 것은 아니다.

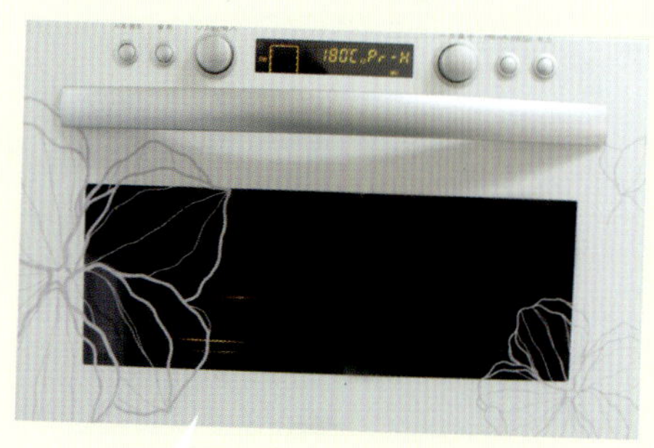



## 전자 저울

부담스러운 가격 때문에 전자 저울보다 눈금 저울을 많이 구매한다. 하지만 눈금 저울은 작은 단위 재는 것에 어려움이 있고 재료를 담는 용기를 올리게 되면 일일이 더하고 빼거나 눈금을 돌려줘야 해서 여간 불편한 것이 아니다. 그러니 처음부터 전자저울의 구비를 권하고 싶다. 최소단위와 최대무게의 그램에 따라 가격은 조금씩 차이가 난다. 보통 베이킹에서는 최대 2kg 정도까지 표시되는 것을 구비하면 무난한데, 싸다는 이유만으로 구매하면 잦은 고장과 계량 오작동이 있을 수 있으니 주의하는 것이 좋다.

## 오븐

오븐은 가스, 전기, 직화 등 열을 이용해 음식을 조리하는 기계이다. 가열 방식에 따라 가스 오븐, 전기 오븐, 화덕식 오븐 등으로 나눌 수 있다. 집에서 일반적으로 사용하는 것은 전기 오븐과 빌트인이 되어 있는 가스 오븐인데, 빌트인이라고 다 가스 오븐은 아니다. 예전엔 빵집에서도 다들 가스 오븐을 사용했지만 지금은 전기 오븐으로 바뀐 상태이다. 전기 오븐은 짧은 예열 시간 때문에 선호한다.

요즘 컨벡션 오븐에 대해 물어보시는 분도 많다. 제과점에서는 흔히 데크 오븐과 컨벡션 오븐 두 가지를 사용한다. 보통 빵이나 쿠키 케이크는 데크 오븐, 즉 일반적 오븐이라고 생각하면 되고, 바게트나 깨찰빵, 패스트리류 등은 컨벡션 오븐을 사용된다.

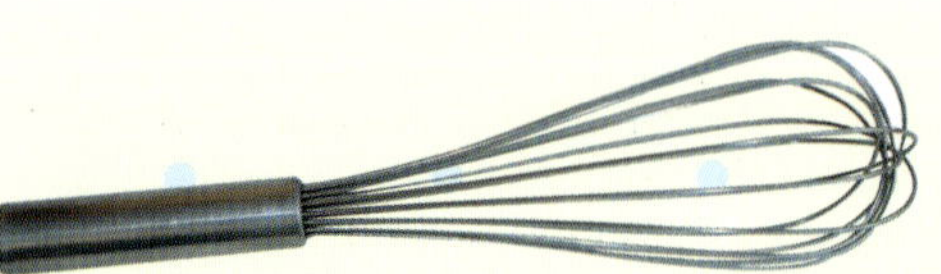



## 체

밀가루는 반드시 체에 쳐야 한다. 덩어리진 밀가루를 풀어주고 밀가루 입자 사이에 공기 층을 만들어 쿠키나 빵을 부드럽게 해주기 때문이다. 체를 고를 때는 그물망이 지나치게 촘촘하거나 간격이 넓은 것보다 중간 정도의 것을 고르는 게 좋고, 손잡이가 있는 체를 선택하는 것이 조금 더 편리하다.

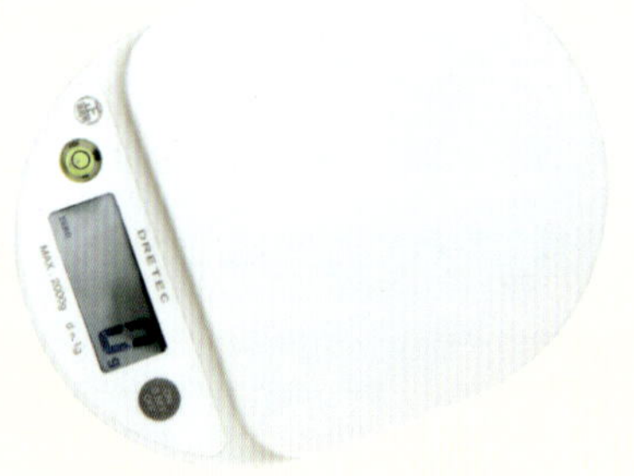

## 거품기

생크림이나 머랭을 만들 때, 그리고 거의 대부분의 반죽에 사용되는 도구이다. 대개는 수십 개의 철사가 함께 묶여 있는 스테인리스 재질을 많이 사용한다. 일반 요리용은 개수도 적고 힘이 없으므로 처음부터 조금 탄탄한 것을 구매하도록 한다.

와이어가 가늘면 힘 전달이 어려우므로 적당한 굵기에 촘촘한 와이어로 만들어진 것이 좋다.

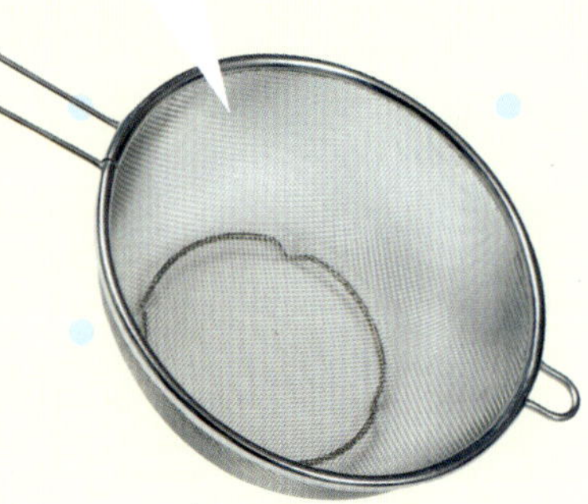

## 고무주걱 (알뜰주걱)

재료를 골고루 섞을 때나 반죽을 싹싹 긁을 때 사용한다. 내구성과 열에 강해 변형이 없어야 한다. 이음새가 없어야 위생적이며, 사용 중 고무가 떨어지면 이물질이 낄 수 있으므로 폐기해야 한다.

## 계량컵

액체 재료를 계량할 때 저울 대신 쓰이는 도구이다. 눈금이 겉에 뿐 아니라 안에서도 보이는 것을 고르는 것이 사용하기에 편리하다. 스테인리스, 유리, 플라스틱 등 다양한 재질의 제품이 있으며, 표준용량은 200mL, 500cc, 1000cc이다.

## 계량스푼

베이킹 파우더, 소금, 향신료 등 소량의 재료들을 계량할 때 저울 대신 사용된다. 계량스푼이 꼭 있어야 하는 것은 아니지만 소량은 저울보다 스푼 계량이 더욱 편리하다. 계량스푼이 없을 때는 4g은 커피숟가락으로, 8g은 밥숟가락으로 생각하면 된다.

## 머핀 틀

9구 머핀 틀, 12구 머핀 틀 외에도 요즘 시중에 다양한 모양과 크기의 머핀 틀이 많이 나와 있다. 머핀은 응용 범위도 다양할 뿐 아니라 베이킹 초보자들이 가장 자주 만드는 간식이기도 하다. 때문에 베이킹을 처음 시작하는 사람들이 각종 머핀 틀부터 구매하는 경우가 많다. 흔히 이 머핀 틀이 있어야 먹음직스러운 머핀을 직접 구울 수 있다고 생각하지만 그런 고정관념은 이제 버려도 좋다. 초보자들에게 머핀 틀은 불편할 때가 더 많다. 이 머핀틀보다 은박컵의 사용을 권하고 싶다. 오븐 내에서 이동이 용이할 뿐 아니라 뒤집어 꺼내기도 쉬우며 무엇보다 가격까지 경제적이다.

## 볼

베이킹 재료를 담아 섞거나 반죽할 때 사용한다. 옆면이 완만한 모양이어야 반죽하기가 편리하다. 반죽양과 반죽 방법 등 용도에 맞게 사용할 수 있도록 크기별로 몇 개 정도 구비해 놓는 것이 좋다. 만약 한 종류만 구매하고 싶다면 작은 것보다는 중간 크기가 좋다. 깊으면서 폭은 넓지 않은 것으로 선택한다. 얇으면 잘 섞이지 않고 내용물이 튀므로 주의한다.

### 쿠키 커터

시중에 다양한 모양과 크기의 커터들이 나와 있다. 재질도 스테인리스, 플라스틱 등이 있어 자기 취향에 맞게 골라 쓰면 된다. 쿠키 커터의 약간 날카로운 곳을 아래쪽으로 하여 밀가루를 살짝 묻혀 털어낸 다음 찍으면 반죽이 달라붙어 모양이 망가지는 것을 방지할 수 있다. 커터기 역시 사용 후 깨끗이 씻는 것이 중요하다. 플라스틱이면 상관없지만 스테인리스의 경우는 수세미가 아닌 부드러운 스펀지로 세제 없이 씻어서 오븐 사용 후 남은 열을 이용해 말려 주는 것이 좋다.

### 짤주머니와 깍지

팬에 쿠키 반죽을 모양 내어 짜거나 케이크에 데커레이션할 때 짤주머니에 깍지를 끼워 사용한다. 깍지는 별모양, 원형모양 등 다양하게 있는데 용도와 취향에 맞게 골라 쓰면 된다. 짤주머니에 반죽을 넣을 때는 짤주머니 아랫부분을 잡고 반쯤 접어 벌려 반죽을 넣는다. 깍지는 사용 후 곧바로 씻어 말려야 부식을 방지할 수 있다. 깍지를 말릴 때는 쿠키를 굽고 난 오븐에 넣어두면 남은 열로 완벽히 말릴 수 있다.

### 붓

액체 재료를 바를 때 사용하는데, 털 길이가 일정하고 사용 중 털이 빠지지 않는 것을 선택한다.

### 스크랩퍼

금속제와 플라스틱제가 있는데, 금속제는 버터를 자르거나 반죽을 구분할 때 사용하고, 플라스틱제는 그릇의 반죽을 긁어내거나 크림이나 반죽 표면을 고르게 할 때 사용한다.

### 실리콘 페이퍼

일반적으로 오븐 한 대로 베이킹도 하고 각종 요리를 하기 때문에 시간이 좀 지나면 팬 코팅이 다 벗겨지기 마련이다. 그래서 오븐 팬의 수월한 관리를 위해 종이 호일을 사용하는데, 종이 호일이 여러모로 편리한 것은 사실이지만 일회용인 종이 호일이 장기적으로 봤을 때 그다지 경제적이지 않다. 그렇다고 매번 씻어가면서 오븐 팬을 사용할 수도 없어 고민이라면 실리콘 페이퍼를 권하고 싶다. 실리콘 재질로 되어 있어 설거지하듯 편하게 세척도 가능할 뿐 아니라 날카로운 것에 찢어지지만 않는다면 영구적으로 사용 가능해 경제적이기까지 하다.

# 베이킹 시작 전 알아두면 좋아요

**Q.** 굽는 시간이 정확하게 정해진 것이 아니라 10~15분, 20~30분 이렇게 표시가 되어 있는 경우가 많은데 왜 그런가요?

**A.** 처음 홈베이킹을 할 때 생기는 잦은 실수 중에 하나가 책에 나오는 타이머대로만 맞춰놓고 오븐에 신경쓰지 않고 다른 일을 하기 때문에 덜 구워지던지 아니면 너무 구워 타버리게 되는 것이다. 책에는 평균적인 시간과 온도를 적어 둔 것이기 때문에, 내가 사용하는 오븐의 특성과 굽는 양에 따라 적정 시간은 달라져야 한다. 오븐 사용이 처음이라서 혹은 베이킹이 처음이라서 오븐과 서먹하다면 실패할 확률이 그만큼 높아진다.

어떤 분이 수업 시간에 머핀을 오븐에 24개 정도 넣고 180℃에서 25분 구우면 된다고 했더니, 집에 가서 6개를 넣고 같은 온도와 시간 설정을 해놓고 자신은 뒷정리를 했다고 한다. 머핀은 당연히 다 타버렸고 그 분은 집에서 혼자하나까 어렵다는 푸념을 늘어놓으셨다. 굽는 양이 1/4로 줄었다고 해서 시간도 같은 비율로 줄어드는 것은 아니지만 15분 정도로 맞춰놓고 중간중간 색을 봐야 아까운 머핀이 타버리는 것을 막을 수 있다. 시간을 10~15분, 25~30분 이런 식으로 표시해 놓은 건 그런 이유 때문이다. 오븐이 커서 팬도 크고 굽는 양도 많다면 시간은 길어져야 하는 것이고, 작은 오븐에 조금만 굽는다면 당연히 짧은 시간이 필요하다. 하지만 무엇보다 중요한 건 내가 주로 사용하는 오븐과 친해져야 한다는 것이다. 내 오븐의 특성을 잘 알아야 노릇노릇 알맞게 구워진 쿠키와 빵을 맛볼 수 있다. 오븐과 친해지기 위해선 처음 몇 번은 실패를 각오하거나 몇 개만 먼저 구워보고 나머지를 굽는 것이 좋다.

 책에 나오는 온도대로 하면 왜 색이 진하게 나오죠?

A. 이 역시 내 오븐과 아직 친해지지 못해 발생하는 문제이다. 앞에서도 말했듯이 책은 보통의 오븐을 기준으로 하고 있기 때문에 윗불이 유난히 강한 오븐을 사용한다면 색이 진하게 나오거나 윗부분만 탈 수 있다. 이런 경우는 보통 책에서 나오는 온도보다 20~30℃ 낮추거나 몇 개만 먼저 넣어서 오븐 온도를 체크한 다음 사용한다면 실패 없이 구울 수 있을 것이다.

Q. 홈쇼핑이나 오븐 사용 설명서에 보면 오븐 아래·위칸을 같이 사용해도 된다고 하던데 정말 그런가요?

A. 나도 홈쇼핑을 즐겨보지만 이 대목에선 정말 기가 막힐 뿐이다. 쇼 호스트가 너무나 상냥하고 친절한 목소리로 윗칸에서는 머핀, 아래칸에서는 쿠키를 꺼내는 모습을 보면 뭐라 할 말이 없다. 이는 굽는 온도와 시간이 달라 절대로 나올 수 없는 경우이다. 오븐 설명서에도 마찬가지이다. 아래·위 동시 사용으로 한 번에 많은 양을 구울 수 있다고 하지만 그건 같은 종류의 쿠키나 머핀이라고 해도 하지 말아야 할 오븐 사용법이다. 그렇게 아래·위를 한 번에 사용할 경우, 위는 위쪽만 열을 받고 아래쪽은 아래만 열을 받게 되어 한쪽은 타고 한쪽은 덜 익게 되어 제대로 구워지지 않는다. 아무리 바쁘고 많은 양을 구워야 한다고 해서 오븐 두 칸을 모두 사용해서는 안된다. 오븐은 한 칸만 사용하는 것이 제대로 베이킹하는 방법이다.

A. 처음 베이킹을 하는 분들의 여러 질문 가운데 난감한 문제 중 하나이다. "오븐 설명서에는 따로 예열이 필요 없다고 해서 그냥 바로 구웠는데 이상해요. 왜 그럴까요?" 오븐 설명서는 베이킹 전문가가 아니라 기계 전문가가 작성한 것이다. 베이킹에서 오븐 예열은 반드시 해야 하는 필수적인 과정이다. 만약 예열 없이 굽게 된다면 틀에 들어가지 않는 쿠키나 빵들은 온도가 올라가는 10~20분 사이 모양이 퍼지게 되고 굽는 시간이 길어짐에 따라 수분이 다 날아가 퍽퍽한 식감이 나올 수밖에 없다. 금방 꺼냈을 땐 온기가 있어 잘 모르더라도 식게 되면 마치 오래된 쿠키를 먹는 듯 찜찜한 맛을 느끼게 된다. 참고적으로 오븐 예열은 10분 혹은 20분 이렇게 시간이 정해진 것이 아니라 내가 필요로 하는 온도에서 20~30℃ 밑까지 올려두고 사용하면 된다.

Q. 우리집에는 저울이 없는데, 재료는 반드시 저울을 이용해 계량해야 하나요?

A. 레시피에 따라 다르겠지만 가급적 저울을 이용해 정확한 계량을 하는 것이 좋다. 쿠키를 굽거나 빵을 굽는 것은 다른 요리들처럼 중간에 재료를 더 하거나 빼는 것이 쉽지 않다. 뿐만 아니라 인위적으로 양을 조절한다면 원하는 맛을 얻을 수 없거나 모양이 달라질 수 있다. 때문에 반드시 정확한 계량이 필수적인 베이킹 요소이다. 특히 가루 재료의 경우 부피로 계량하면 계량 방법에 따라 편차가 심해질 수 있으므로 무게로 계량하도록 한다.

아토피가 있는 아이들을 위한

# 건강간식

**예민한** 아이를 둔 엄마라면 아이의 먹을거리가 여러 걱정 중 가장 큰 걱정이라 할 수 있다. 특히 요즘처럼 아토피 피부염을 앓는 아이들이 눈에 띄게 증가하고 있을 때는 아이가 먹는 것 하나하나에 신경 쓸 수밖에 없다. 한참 자라날 아이에게 밥만 줄 수는 없고 시판되는 간식거리들은 각종 첨가제와 방부제 사용으로 선뜻 손이 가질 않는다. 그래서 첫장에서는 아토피를 앓고 있는 아이들도 건강하고 맛있게 먹을 수 있는 메뉴들로 구성해 보았다. 우리 땅에서 자란 밀로 만든 밀가루를 사용했으며 알레르기를 일으킬 수 있는 버터와 달걀 사용을 최소화하여 아토피 있는 아이들뿐 아니라 건강한 간식거리를 찾는 모두에게 좋은 메뉴가 될 것이다.

# 바나나 브레드

어린 시절 바나나는 특별한 날에나 먹을 수 있는 귀한 과일이었다.
엄마가 하나 뚝 떼어 주던 바나나 하나에 얼마나 행복했던지…. 아
껴 먹었는데도 손에 바나나 껍질만 남으면 그렇게 아쉬울 수가 없
었다. 이제는 언제든 마음만 먹으면 손쉽게 먹을 수 있는 과일이지
만 가끔은 어린 시절 먹던 그 맛이 그리울 때가 있다. 설탕의 양을
줄이고 버터 대신 소량의 오일을 사용해 담백한 맛이 일품인 바나
나 브레드. 내가 어린 시절 먹던 바나나를 못 잊는 것처럼 훗날 내
아이에게도 아련한 기억으로 남았으면 한다.

## 재 료

우리 밀가루 120g, 오일 35g, 설탕 50g, 바나나 90g,
우유 40g, 베이킹 파우더 5g, 소금 1g

## 굽 기

180℃, 25~30분

## 만들기

1. 바나나 껍질을 까서 포크를 이용하여 으깨 놓
   는다.

2. 볼에 분량의 오일, 설탕, 소금, 우유를 함께
   넣고 거품기를 이용하여 설탕이 녹을 때까지
   저어 준다.

3. 2에 으깬 바나나를 넣고 고루 섞는다.

4. 3에 박력분과 베이킹 파우더를 고운 체에 쳐
   서 내린다.

5. 주걱을 이용하여 날가루가 보이지 않도록 골
   고루 섞어 반죽을 만든다.

6. 반죽을 틀에 2/3가량 넣고 오븐에 굽는다.

1.

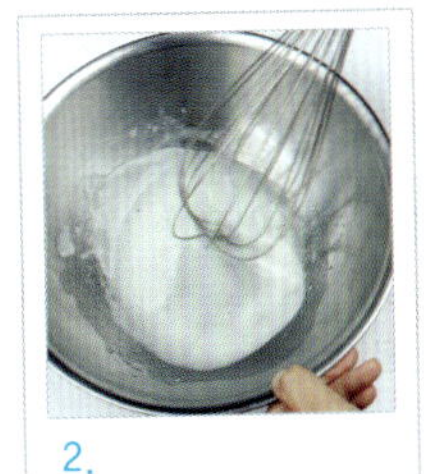

2.

3.

4.

5.

6.

### ▨ 우리 아이 안심하고 먹이기

**바나나**는 당질의 함량이 높은 알칼리성 식품으로, 바나나에 함유된 당질은 소화 흡수가 잘 되어 위장 장
애나 설사 증세가 있는 사람에게 좋다. 이외에도 바나나는 염분이나 나트륨을 배설시키는 작용과 함께 장운동
을 도와주는 올리고당이나 식물성 섬유를 함유하고 있어 만성 변비로 고생하는 사람에게도 좋은 과일이다.

바나나를 고를 때는 표면에 흠이 없고 매끄러우며 손으로 만졌을 때 단단한 것을 고르도록 한다. 또 바나나
는 수확 후 줄기 부분을 방부제에 담그는 경우가 많기 때문에 줄기 부분부터 1cm 가량 잘라내고 먹는 것이 좋
으며, 당도가 높은 것을 고르기 위해서는 껍질에 거뭇한 반점이 있는 것을 선택하도록 한다.

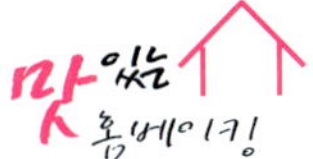

버터 대신 식물성 오일을 사용할 때는 콩기름, 포도씨유, 카놀라유 등 일반적으로 사용하는 오일류
를 사용해도 되지만 올리브오일은 피하는 것이 좋다. 올리브오일은 특유의 풍미 때문에 빵이나 과
자를 구웠을 때 메뉴 자체의 향과 맛을 헤칠 수 있기 때문이다.

# 단호박 앙금 파운드케이크

호박이 맛있는 늦여름에서 초가을까지 단호박을 이용한 여러 가지 메뉴를 즐겨한다.
가끔 저렴한 가격의 단호박을 발견하면 여러 통 사다 놓고 이것저것 해먹길 좋아하는
데, 아무 의심 없이 반으로 갈랐던 호박 속에서 나왔던 벌레의 모습이란… 그 뒤 조금
이라도 의심 가는 모양의 호박이 있으면 다른 이에게 부탁하고 난 멀찌감치 떨어져 있
는다. 이 벌레가 국내산 단호박에서만 볼 수 있는 벌레라니 찜찜하긴 해도 건강하고 믿
을 수 있는 재료라고 스스로 달래곤 한다.

 **재 료**

우리 밀가루 160g, 베이킹 파우더 6g, 익힌 단호박 190g,
백앙금 135g, 오일 50g, 꿀 50g

**굽기**

180℃, 30~35분

 **만들기**

1. 단호박은 깨끗이 씻어 적당한 크기로 잘라 씨를 파내고 쪄서 준비한다. 껍질은
   깎아내도 상관없지만 껍질째 요리하는 것이 색감이 더 좋다.

2. 볼에 분량의 백앙금과 오일, 꿀을 계량한다.

3. 2에 익힌 단호박을 넣고 거품기로 단호박을 으깨가며 골고루 섞어준다.

4. 3에 우리밀과 베이킹 파우더 등 가루 재료를 체에 내려서 넣는다.

5. 주걱으로 날가루가 보이지 않을 정도로만 살짝 섞어준다.

6. 준비한 파운드케이크 틀에 4/5가량 반죽을 넣고 반죽 윗면을 편평하게 해 준
   다음 가운데 칼집을 한 번 넣는다.

7. 6을 오븐에 넣어 굽는다.

**우리아이 안심하고 먹이기**

　**단호박**에는 식물성 스테로이드 성분이 들어 있는데 이것이 살균 작용을 하여 배탈, 설사를 완화시켜 주는
역할을 한다. 또한 탄수화물과 섬유질을 비롯해 각종 비타민과 미네랄, 베타카로틴을 다량 함유하고 있어 성
장기의 어린이와 허약 체질의 사람에게도 두루 좋은 식재료이다.
　단호박은 들었을 때 묵직하면서 껍질이 단단하고 황록색의 윤기가 있는 것이 좋다. 하지만 지나치게 윤기가
흐르면 왁스를 발랐을 수도 있으므로 주의하도록 한다. 두드려 보았을 때 속에서 빈 소리가 나는 것이 좋으며,
꼭지가 없으면 박테리아가 들어갈 수 있으므로 꼭지의 유무를 확인하는 것이 좋다. 보관할 때에는 자르지 않
은 것은 신문지에 싸서 서늘한 곳에 두고, 잘랐으면 씨와 속을 파낸 다음 공기가 닿지 않도록 랩으로 싸서 냉
장고에 보관한다.

# 코코아 요거트 케이크

속이 까맣고 맛이 진하여 일명 데블스 푸드라고
불리는 케이크의 한 종류이다. 일반적으로 초코
케이크는 열량과 건강을 생각하지 않을 수가 없는
데, 이 케이크는 초콜릿은 전혀 사용하지 않고 코
코아 가루와 요거트를 넣어, 달콤한 초코 케이크
의 맛은 잊지 않으면서 열량은 낮춘 메뉴이다. 촉
촉하면서 끈적끈적한 느낌이 한입 베어 물면 가라
앉았던 마음을 단번에 북돋아 줄 것 같아 어른들
에게도 권하고 싶은 메뉴이다.

 **재 료**

코코아 60g, 우리 밀가루 140g, 설탕 150g, 요거트 230g,
베이킹 파우더 10g, 오일 90g, 호두 적당량

**굽 기**

180℃, 20분

 **만들기**

1. 볼에 분량의 오일과 요거트, 설탕을 한번에 넣고 설탕이 녹을 때까지 거품기로
   저어준다.

2. 1에 코코아와 우리 밀가루, 베이킹 파우더를 체에 쳐서 넣는다. 백색 가루와 코
   코아 가루는 따로 체치지 않고 한번에 하는 것이 더 편리하다.

3. 주걱으로 가볍게 날가루가 보이지 않을 정도로만 골고루 섞어준다.

4. 파운드케이크 틀에 반죽을 붓고 호두나 다른 견과류 혹은 원하는 재료가 있으
   면 장식으로 올려 구워낸다.

### 우리아이 안심하고 먹이기

**코코아**는 우리 몸의 엔도르핀 분비를 자극하여 우울감이나 피로를 느낄 때 마시면 마음이 편안해지며 피로 회복 효과를 기대할 수 있다. 또한 코코아에는 식이 섬유가 우엉의 10배, 토마토 주스의 2배 가량 들어 있어 변비 해소에 도움이 된다. 코코아에 들어있는 테오브로민이라는 성분은 중추 신경을 자극하여 정신을 맑게 하고, 혈액순환을 촉진시켜 준다.

 이렇게도 먹어요!

### 코코아 스무디

**재 료**  코코아 가루 2큰술, 우유 500mL, 호두 1/3컵, 얼음 적당량

**만들기**  1. 준비한 분량의 재료를 믹서에 넣고 곱게 갈아준다. 얼음은 취향에 따라 가감하여 넣으
   면 된다.
2. 1을 유리잔에 따르고 취향에 따라 올리고당, 꿀 등을 가미한다.

# 블루베리 두부파이

아이들 중에 몸에 좋은 음식을 맛없다는 이유만으로 먹으려 들지 않는 경우가 있
다. 친구의 다섯 살인 아이 하나도 콩, 두부라고 하면 도통 먹으려 하지 않아 걱정
이라는 얘기를 들었다. 친구의 이야기를 듣고 고민하다 블루베리를 넣은 두부파이
를 구워 주었다. 아이가 너무 잘 먹는다고 고맙다는 친구의 인사를 들으며 입가에
흐뭇한 미소가 그려졌다.

##  재 료

**파이**  오일 60g, 우리 밀가루 120g, 베이킹 파우더 2g, 아몬드 가루 40g,
아가베 시럽 40g, 블루베리 200g

**크림**  두부 300g, 꿀 50g

## 만들기

**• 크림**

1. 분량의 두부에 꿀을 넣고 충분히 주물러 크림을 만들어 놓는다.

**• 파이 반죽**

2. 볼에 오일, 아가베 시럽을 넣고 우리 밀가루와 베이킹 파우더, 아몬드 가루를 체에 쳐서 넣는다.

3. 한 덩어리로 뭉쳐지는 정도로만 치댄 후 일정한 두께로 밀어준다.

4. 3의 반죽을 파이 틀에 덮어 남은 부분은 잘라내고 오븐에서 구워낸다.

5. 파이가 식고 나면 만들어둔 두부크림을 올리고 블루베리로 보기 좋게 장식한다.

3.

4.

##  우리아이 안심하고 먹이기

　블루베리는 항산화 효과가 뛰어난 슈퍼푸드의 하나로 '안토시아닌'과 '플라보놀스' 성분이 뇌의 신경세포 재생을 도와 기억력과 학습 능력을 증진시키는 것으로 알려져 있다. 때문에 성장기의 아이들에게 좋은 먹을거리라고 할 수 있다. 생 블루베리의 경우 김치 냉장고에서 한 달 가량 보관이 가능한데 더 오래두고 먹고 싶을 때는 냉동시킨 후 우유나 요구르트 등에 넣어 갈아서 음료로 마시거나 와플, 팬케이크, 머핀 등 홈 베이킹의 재료로 사용하면 좋다. 신선한 블루베리는 푸른색이 선명하고 과육이 단단하며 표면에 은백색의 가루가 묻어 있다.

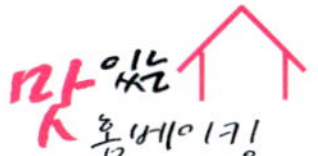

**아가베 시럽 이용하기**

6년 이상 된 아가베 선인장에서 채취한 시럽으로, 일반 설탕보다 당도는 약 30% 높으면서도 혈당 상승 지수는 1/3밖에 되지 않아 설탕 또는 꿀 대용의 감미료로 인기를 얻고 있다. 맛이 은은하며 다른 식재료 원래의 맛에 크게 영향을 주지 않으며 보관도 용이해 영유아식은 물론 단 성분을 멀리해야 하는 사람들에게도 좋은 감미료이다.

# 고구마 쿠키

옥수수와 고구마는 대표적인 건강 간식이지만 자극적인 맛과 형형색색 다양한 색과 모양에 길들여진 요즘 아이들에게는 별 관심을 끌지 못하는 것이 사실이다. 아이에게 시판 간식들을 사주자니 각종 첨가물이 걸리고, 예전 우리가 먹던 건강한 먹을거리는 아이들이 싫어하고, 그럴 때는 아이들과 같이 간식을 준비해 보는 것도 좋은 방법이 된다. 찐 고구마에 옥수수 가루를 넣고 노란 반죽을 만든 후 아이가 좋아하는 모양으로 직접 쿠키 커터로 찍게 한다면 억지로 권하지 않아도 맛있게 먹을 것이다.

### 재 료

고구마 중간 것 1개, 꿀 50g, 옥수수가루 120g, 검은깨 적당량

### 굽 기

190℃, 15분

### 만들기

1. 고구마는 수세미를 이용하여 구석구석 묻은 흙을 깨끗이 씻어낸 후 찜통에 쪄준다.

2. 고구마가 충분히 익었으면 고구마의 껍질을 벗기고 심은 도려내거나 칼로 다지고 나머지는 으깨 놓는다.

3. 2의 으깬 고구마에 분량의 꿀과 옥수수가루, 검은깨를 넣고 주걱을 이용하여 골고루 섞어준다.

4. 3의 반죽을 밀대로 얇게 밀어 쿠키 커터기를 이용하여 원하는 모양으로 찍은 후 오븐에 굽는다.

4.

### ■ 우리아이 안심하고 먹이기 

**알칼리성** 식품인 고구마는 체내의 나트륨을 배출시키는 칼륨이 대량으로 들어 있어 짜게 먹는 습관을 가진 사람들에게 좋은 식재료이다. 이 외에도 양질의 영양 성분이 고루 들어가 있는 고구마에 특히 많은 것이 비타민 C인데, 대부분의 비타민 C가 열에 약한 데 반해 고구마의 비타민 C는 가열해도 거의 대부분이 남아 있다. 또한 고구마에 들어 있는 베타카로틴은 대표적인 항암성분으로 알려져 있다.

고구마를 고를 때는 너무 매끈한 것보다 자연스러운 모양을, 껍질은 색이 진하고 흙이 묻은 것이 좋다. 잔털이 많으면 섬유질이 많아 장에는 좋을지 모르나 식감은 좀 떨어지는 편이다. 고구마를 보관할 때는 냉장고는 피하도록 한다. 고구마는 저온에 약해 오히려 고구마 보관 기간이 짧아질 수 있다. 고구마를 신문지에 싸서 실온에 두거나 채반이나 양파망에 넣어 보관하면 오래두고 먹을 수 있다.

# 당근 케이크

당근은 여러모로 좋은 식재료이지만 특유의 향과 씹히는 식감을 싫어하는 아이들이 종종 있다.
다양한 방법으로 음식을 해줘도 먹으려 하지 않을 때는 아이가 좋아하는 케이크에 당근을 넣어
먹게 하는 방법이 있다. 까다로운 아이들은 음식에 들어간 당근도 다 골라내곤 하는데 아주 얇
게 채 썰거나 아예 갈아서 넣어 준다면 큰 거부감 없이 먹을 수 있을 것이다. 버터나 달걀을 넣
진 않았지만 식물성 오일과 두유를 넣어 충분히 부드럽고 달콤하다.

 **재 료**

당근 180g, 오일 80g, 설탕 140g, 두유 150g, 베이킹 파우더 6g,
통밀 140g, 호두 60g, 아몬드 가루 70g

**굽 기**

180℃, 20분

**만들기**

1. 당근은 깨끗이 씻어 채 썬 다음 기름을 두르지 않고 살
   짝 볶아 식혀두고, 호두도 살짝 구워둔다.

2. 볼에 오일과 설탕, 두유를 넣고 설탕이 녹을 때까지 거
   품기로 저어준다.

3. 2에 아몬드 가루와 통밀을 체에 쳐서 넣고 주걱으로 자
   르듯이 섞는다.

4. 날가루가 보이지 않도록 저어준 후 호두와 당근을 넣고
   가볍게 섞는다.

5. 케이크 틀에 80% 정도 반죽을 담아 오븐에 굽는다.

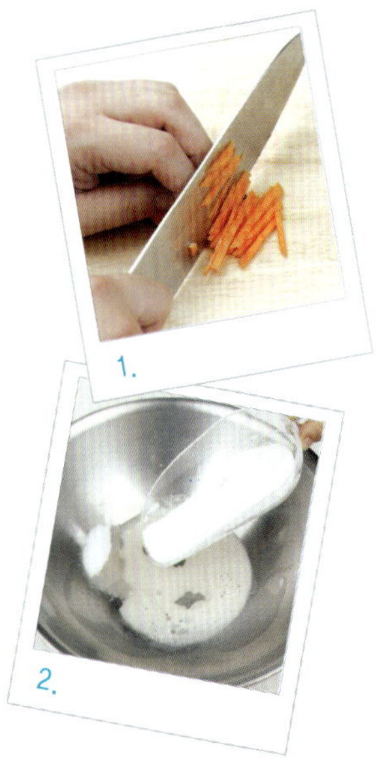


**우리아이 안심하고 먹이기**

　당근에는 베타카로틴 성분이 많이 포함되어 있는데 몸 안에서 비타민 A로 전환되는 것으로 다른 채소류에
비해 비타민 A의 함량이 높은 편이다. 비타민 A는 혈액을 맑게 하고 산소를 공급해 준다. 또한 피부 표면이
거칠어지는 것과 주름을 방지하는 데 효과적이다. 또 당근에 들어있는 '펙틴'이라는 식물성 식이 섬유는 위장
이 좋지 않은 사람이 섭취했을 때 더부룩함을 없애고 배변을 돕는 역할을 한다. 이 외에도 당근에는 여러 가지
비타민이 균형 있게 들어 있어 비타민 공급원의 역할은 물론, 철분이 혈액의 흐름을 원활하게 하여 피로한 몸
에 생기를 주고 노폐물을 밖으로 배출시켜 준다.
　당근은 붉은색이 진하고 껍질이 매끄러운 것을 고르는 것이 좋다. 또 표면에 잔뿌리가 적고 단단하면서 휘거
나 부러지지 않아야 한다. 당근의 머리 부분에 푸른빛을 띄는 것을 볼 수 있는데, 이는 재배할 때 햇빛을 많이
받아서 그런 것이다. 푸른 부분이 많으면 단맛이 적고 심이 굵어 요리할 때 불편하므로 피하도록 한다.

# 당근 감자 쿠키

아토피가 있는 아이들에겐 우리 땅에서 나는 제철 먹을거리들이 제일 좋다. 하지만 자극적이고 인공적인 맛에 노출된 아이들에게 건강한 간식을 먹이기가 쉽지 않은 것이 사실이다. 그래서 잘 쓰는 방법 중에 하나가 그 재료가 가진 영양은 그대로 간직하면서 아이들이 좋아할 수 있게끔 만드는 것이다. 여기에서는 감자와 당근을 이용하여 맛있는 쿠키를 만들었지만 가을엔 단호박, 겨울엔 고구마로 바꾸어서 만들어도 훌륭한 간식거리가 된다.

 **재료**

감자 100g, 당근 100g, 소금 2g, 설탕 20g, 오일 45g, 두유 30g,
우리 밀가루 180g, 베이킹 파우더 4g

 **굽기**

180℃, 20분

 **만들기**

1. 감자는 깨끗이 씻어 찜솥에 찐 후 껍질을 벗겨 포크를 이
   용하여 으깨 놓고, 당근은 곱게 다져 준비한다.

2. 으깬 감자와 곱게 다진 당근을 넣어 섞은 다음 오일, 두
   유, 설탕을 넣고 설탕이 녹을 때까지 젓는다.

3. 2에 우리 밀가루와 베이킹 파우더를 체에 쳐서 넣고 주걱
   을 이용해서 골고루 섞는다.

4. 작업대에 덧가루를 뿌리고 밀대에도 덧가루를 살짝 묻혀
   반죽을 균일한 두께로 민 다음 원하는 모양의 쿠키 커터
   기로 찍어 오븐에 굽는다.

##  우리아이 안심하고 먹이기

　감자는 우수한 알칼리성 식품으로 무기질과 각종 비타민, 아미노산을 고루 포함하고 있다. 특히 아미노산은 식물성 식품이면서 동물성 식물에 맞먹을 정도로 풍부하다. 치료제로서 감자를 사용하기도 하는데 즙을 내어 마시면 원기 회복과 내장에 생기는 각종 질병의 치료에 좋다. 또 조각을 잘라 충혈이 생긴 부분에 붙이면 독소 물질이나 정맥 충혈을 끌어내는 역할도 한다.

　감자를 고를 때는 표면이 매끄럽고 상처가 너무 많지 않은 것으로 선택한다. 또 지나치게 크기가 큰 경우 속이 비어 있을 수 있으므로 고르지 않는다. 초록색이 나는 감자는 쓴맛이 날 수 있으며 싹이 난 감자는 솔라닌이라는 독 성분이 생기기 때문에 싹을 잘라 내거나 아예 먹지 않는 것이 좋다. 이 독 성분은 햇볕을 쬐면 생기는 것으로 바람이 잘 통하는 그늘에 보관한다.

# 초코칩 두유 쿠키

대부분의 아이들이 초콜릿이 들어간 달콤한 간식거리를 좋아한다. 그렇지만 초콜릿이 많이 들어간 간식은 아이들의 구강 건강을 위해서는 안주고 싶고 특히 아이가 아토피 증상을 가지고 있다면 더더욱 꺼려지게 된다. 하지만 아이에게 평생 먹을거리를 제한할 수 없다면 가끔은 아이가 좋아할 수 있는 간식을 만들어 줘보자. 두유와 견과류를 함께 넣어 맛은 물론 영양적인 면에서도 만족할 만한 쿠키이다.

### 재료

오일 60g, 두유 50g, 설탕 70g, 우리 밀가루 160g, 베이킹 파우더 4g,
초코칩 적당량, 견과류 적당량

### 굽기

180℃, 15분

### 만들기

1. 분량의 오일과 두유, 설탕을 볼에 담고 설탕이 녹을 때까지 거품기로 고루 저어준다.

2. 1에 우리 밀가루와 베이킹 파우더를 체에 쳐서 넣고 주걱으로 날가루가 안 보일 정도로만 가볍게 섞는다.

3. 초코칩과 견과류는 분량이 정확하게 정해져 있는 것이 아니므로 원하는 양만큼 넣어 반죽한다.

4. 팬에 숟가락이나 아이스크림용 스쿱을 이용하여 먹기 좋은 크기로 떠서 올린 후 오븐에 굽는다.

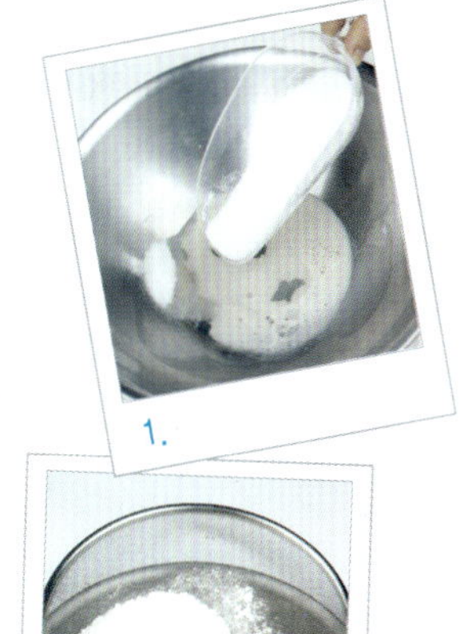
1.

2.

### 우리아이 안심하고 먹이기

밭에서 나는 소고기라고 불릴 정도로 콩은 영양가가 높은데, 이 콩으로 만든 것이 두유이다. 두유에는 성장에 필요한 영양소 외에도 성인병의 위험에서 비교적 안전한 불포화 지방산이 다량 함유되어 있어 어른들에게도 좋은 건강 음료이다. 두유가 각광받기 시작한 것은 우유보다 아이의 발육에 이롭다는 미국의 영양학자 H.밀러의 실험 결과가 공개된 이후부터인데 동양인에게 흔히 나타나는 우유 알레르기가 걱정이라면 좋은 대용식이 될 수 있다.

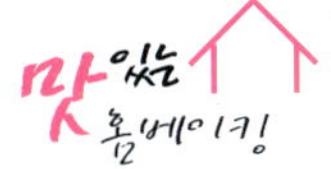

버터 대신 일반 오일을 사용하는 베이킹에서는 올리브 오일을 제외한 오일을 사용하는 것이 좋다. 올리브 오일은 특유의 향 때문에 쿠키나 빵의 풍미를 떨어뜨릴 수 있기 때문이다.

# 쥬키니 호박 두유 케이크

호박 종류는 굳이 일일이 설명하지 않아도 영양학적으로 봤을 때 매우 뛰어난 식품 중의 하나
이지만 아이들이 별로 좋아하지 않는 식재료 중의 하나이기도 하다. 아이들이 호박을 별로 좋
아하지 않는다면 곱게 채를 썰거나 다져도 괜찮다. 아이들이 별로 좋아하지 않는 식재료를 사
용한 음식을 잘 먹게 하는 가장 좋은 방법은 아이를 요리 과정에 직접 참여시키거나 친구와 같
이 먹게 하는 것이다. 아이들은 자기가 만든 음식이나 친구들과 함께 먹는 자리에서는 즐겁게
먹기도 한다.

 **재 료**

호박 200g, 우리 밀가루 150g, 아몬드 가루 30g, 베이킹 파우더 5g, 설탕 80g, 두유 120g, 소금 1g, 호두 50g, 오일 45g

 **굽 기**

180℃, 30~35분

 **만들기**

1. 호박은 곱게 채 썰어 준비한다.

2. 볼에 오일, 두유, 설탕을 넣고 설탕이 녹을 때까지 저어 준다.

3. 2에 우리 밀가루, 아몬드 가루, 베이킹 파우더를 체에 쳐서 넣고 주걱을 이용하여 가볍게 섞는다.

4. 날가루가 보이지 않으면 채 썬 호박과 호두를 넣어 섞어준다.

5. 틀에 반죽을 담아 오븐에 굽는다.

 **함께 먹으면 좋아요!** 안심하고 먹을 수 있는 **엄마표 두유**

**재 료** 국산콩 2컵, 아가베 시럽 적당량, 소금 1/2작은술

**만들기**
1. 깨끗하게 씻은 국산콩은 하룻밤 정도 불린다.
2. 충분히 불린 콩은 중불에서 30분 정도 삶아낸다.
3. 2의 삶은 콩을 믹서에 넣어 아가베 시럽, 소금을 넣고 곱게 갈아준다.
4. 베보자기에 믹서에 간 콩을 넣고 충분히 짜준다.
5. 4의 콩국에 아가베 시럽을 넣고 중불에서 바글바글 끓여준다.

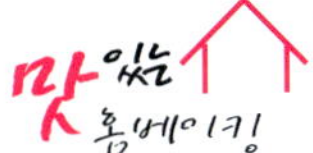 **맛있는 홈베이킹**

아가베 시럽의 양은 담백한 맛을 원할 때는 조금만 넣고, 단맛을 원할 때는 정도에 따라 추가하여 넣는다. 불린 콩을 삶을 때는 너무 오래 삶으면 고소함이 떨어질 수 있으니 주의한다.

# 두유 초코 머핀

우유를 사용하는 빵·과자의 경우엔 그 맛을 어느 정도 유추할 수 있지만 두유를 사용할 경우엔 조금 난해하다. 왜냐하면 사용하는 두유가 어떤 것이냐에 따라 그 맛이 천차만별이기 때문이다. 그래서 '어떤 두유를 사용하세요' 라고 말하기가 어렵다. 그냥 자기가 좋아하는 맛의 두유를 넣으면 된다. 두유 특유의 비린 듯한 맛과 향을 싫어하는 사람이라면 우유를 사용해도 된다. 견과류에 거부 반응이 없다면 우리밀과 함께 아몬드 분말을 적당히 섞어 사용하면 조금 더 촉촉한 맛을 느낄 수 있다.

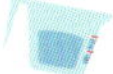 ### 재 료

우리 밀가루 250g, 초코칩 80g, 코코아 가루 30g, 베이킹 파우더 6g,
두유 270g, 설탕 120g, 오일 60g, 소금 약간

 ### 만들기

1. 볼에 오일과 두유, 설탕을 계량해 넣고 거품기로 설탕이
   녹을 때까지 잘 저어준다.

2. 1에 우리 밀가루, 코코아 가루, 베이킹 파우더 등 가루
   재료들을 체에 쳐서 내린다.

3. 2를 주걱으로 살짝만 섞다가 초코칩을 넣어 날가루가
   안 보이게 고루 섞어준다.

4. 준비한 머핀 틀에 2/3가량 떠 넣은 후 오븐에 굽는다.

## 두유 쌀가루 수프

**재  료** 쌀가루 2컵, 두유 8컵, 버터 1큰술, 견과류 적당량

**만들기**
1. 냄비에 버터를 녹인 후 쌀가루를 넣고 눌지 않게 주걱으로 저어가며 볶는다.

2. 쌀가루가 어느 정도 볶아지면 두유를 넣고 저어가며 끓여 준다. 이때 두유의 양은 취
   향에 맞게 조절하여 수프의 농도를 조절한다.

3. 2의 수프에 집에 있는 견과류를 넣고 믹서에 갈아준다. 부드러운 식감을 원한다면 곱
   게 갈고, 씹히는 맛이 좋다면 적당히 갈면 된다.

4. 소금으로 간을 맞추고 한소끔 더 끓여준다.

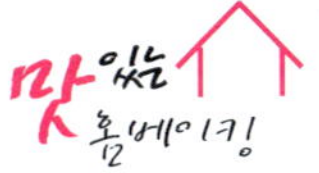

두유를 사용하는 메뉴일 경우 사용하는 두유에 따라 맛이 조금씩 달라질 수 있다. 가급적이면 첨
가물이 덜 들어간 담백한 두유를 사용하도록 하자.

# 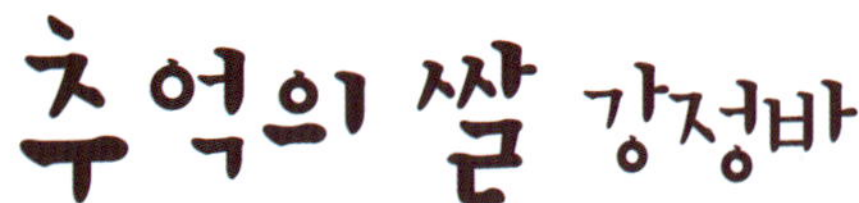 추억의 쌀 강정바

어릴 적 설날이 되면 어머니와 할머니는 집에서 쌀강정을 만들곤 하였다. 설탕과 물엿으로 시럽을 만들고 튀긴 쌀을 넣어 버무려 굳히고 먹기 좋게 자르는 과정을 어린 나는 넋을 잃고 바라보곤 하였다. 아직 덜 식은 강정을 집어 먹다 뜨거워 울기도 하고, 어른들 맛보기 전에 손댔다가 할머니께 혼나 서러워 울기도 했다. 지금은 집에서 잘 해먹지 않는 간식이지만 의외로 쉬워 권할만한 간식이다. 쌀 외에도 튀긴 콩을 넣거나 깨를 볶아서 넣는 등 여러 가지 재료로 응용이 가능하다.

 **재 료**

물엿 6숟가락, 설탕 4숟가락, 튀긴 쌀 2컵, 견과류 적당량

**만들기**

1. 튀긴 쌀과 견과류를 골고루 섞어 준비한다.

2. 냄비에 분량의 물엿, 설탕을 넣고 바글바글 끓인다.

3. 2의 시럽이 끓어오르면 불을 끄고 식힌 후 1의 쌀과
   견과류 섞은 것을 넣고 골고루 섞어준다.

4. 팬에 3의 내용물을 부은 후 밀대로 꾹꾹 눌러 편평하게 정리한다.

5. 냉장고나 냉동고에서 굳힌 다음 먹기 좋은 크기로 썰어낸다.

2.

3.

5.

## 우리아이 안심하고 먹이기

　**예전에는** 생일과 같이 특별한 날이 되어야 맛볼 수 있는 것이 하얀 쌀밥이다. 그만큼 쌀이 귀했지만 먹을 거리가 풍부해지고 서구식 식생활이 익숙해져 가는 요즘엔 쌀이 남아도는 것이 사실이다. 하지만 우리나라 사람의 주 에너지 공급원은 밥으로 대표되는 '쌀'을 가루로 만든 것 또한 단순당이 아닌 복합당으로 이루어져 영양학적으로도 우수한 식재료 중의 하나이다. 베이킹에 어떻게 쌀가루를 이용할까 의아해 할 수도 있는데, 밀가루를 이용한 빵이나 쿠키에서는 맛볼 수 없는 쌀 특유의 쫄깃한 맛과 찰진 맛을 느낄 수 있다. 밀가루 음식이 소화가 안되거나 아토피로 고생한다면 쌀가루를 이용한 베이킹을 적극 권하고 싶다.

# 구운 사과

가을이면 사과를 한 상자씩 사놓곤 한다. 하지만 간혹 단맛이 덜한 사과, 살짝 벌레 먹은 사과
들이 보이면 버리기도, 먹기도 난감할 때가 있다. 그럴 때 아주 유용한 방법이 사과를 구워 먹
는 것이다. 고급 레스토랑에서 간혹 맛볼 수 있는 디저트이지만 버터와 오븐만 있다면 집에서
도 얼마든지 즐길 수 있는 메뉴이다. 버터와 설탕을 올려 달콤하고 부드러운 사과 위에 아이스
크림을 올려 후식으로 내놓으면 그날 아이들은 '엄마 최고' 를 외칠 것이다.

 **재 료**

사과 1개, 버터 2숟가락, 설탕 2숟가락, 아이스크림 2숟가락

**굽 기**

180℃, 30분

 **만들기**

1. 사과는 껍질 부분에 농약이 가장 많으므로 소금물에 잠깐 담갔다 씻거나 흐르는
   물에 스펀지로 여러 번 문질러 씻어 준비한다.

2. 깨끗이 씻은 사과는 반으로 잘라 씨 부분을 도려낸다.

3. 버터를 얹고 설탕을 골고루 뿌려 오븐에 구워준다.

4. 사과가 다 구워지면 아이스크림을 올려 따뜻할 때 먹는다.

**우리아이 안심하고 먹이기** 

   사과는 다른 과일에 비해 당분이 많고 신맛은 적으며 타닌의 함량이 낮다. 사과에는 칼륨과 비타민 C를 비롯한 각종 비타민류가 풍부하게 들어 있다. 사과속의 칼륨과 식이섬유가 결합해 나트륨 성분을 몸 밖으로 배출하는 기능이 있어 짜게 먹는 습관이 있는 한국인들에게 특히 더 좋은 과일이라고 할 수 있다. 장 운동이 활발한 아침에 사과를 먹으면 변비와 설사에 효과를 볼 수 있다.

   사과를 보관할 때는 다른 야채와 과일과는 함께 보관하지 않는 것이 좋다. 사과에서 나는 에틸렌 가스가 다른 과일과 채소를 금방 시들게 하고 무르게 하기 때문이다. 신선하고 맛있는 사과를 고르기 위해서는 꼭지 반대 부분에 푸른색이 없는 것, 착색이 균일하고 밝은 것, 너무 큰 것보다 손안에 잡히는 것, 육질이 단단하여 저장력이 좋은 것을 선택한다.

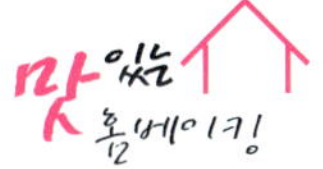

사과를 구울 때는 사과즙이 흘러 오븐을 더럽히므로 은박포일로 곱게 싼 후에 굽는다. 중심을 잡아 고루 구워지게 하기 위해서라도 사과를 꼭 싸준다.

Part 2
투정이 심한 편식쟁이를 위한
엄마표 과자

아이들 중에 유난히 편식이 심한 아이들을 볼 수 있다. 요즘처럼 먹을거리들이 흔한 세상에도 편식이 심한 아이들을 둔 엄마는 아이에게 먹일 게 없어서, 혹은 먹는 게 없어서 고민을 하게 된다. 그럴 때 많이 사용하는 방법 중의 하나가 재료를 약간씩 변형하거나 아이들이 좋아하는 모양으로 만드는 것이다. 이는 푸드 브리지의 한 방법으로 이 재료는 이렇게 먹어야 제 맛이지 하는 편견만 없다면 다양한 모양과 맛으로 엄마와 아이 모두 즐거운 시간이 될 수 있다.

# 시금치 쿠키

예전에는 시금치를 안먹던 아이들이 뽀빠이를 보고 시금치를 먹었다지만 요즘 아이들에겐 그마저도 안 통한다. 대신 아이가 좋아하는 쿠키에 시금치를 넣어 모른 척 권한다면 아이는 새로운 과자에 흥미를 느끼며 거리낌 없이 입에 댈 것이다. 시금치 쿠키의 맛에 익숙해지면 재료 준비부터 함께 하여 아이에게 시금치와 친해질 수 있는 시간을 만들어 주자.

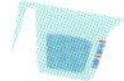 **재 료**

박력분 180g, 버터 120g, 슈거 파우더 40g, 아몬드 가루 60g,
시금치 가루 20g

 **굽 기**

190℃, 10~15분

 **만들기**

1. 실온에 두어 말랑해진 버터에 슈거 파우더를 넣고 살짝
   섞어준다.

2. 1에 분량의 박력분과 아몬드 가루를 체에 쳐서 넣고 시
   금치 가루를 넣어 골고루 섞는다.

3. 2의 반죽을 사각팬이나 다 쓴 랩상자를 이용하여 원하
   는 크기로 만든다.

4. 3을 냉동고에 2시간 가량 넣었다 꺼내 원하는 두께로
   잘라 오븐에 굽는다.

1.

2.

**우리 아이 안심하고 먹이기**

**다른** 채소류에 비해 비타민과 철, 칼슘의 함유량이 높은 시금치는 발육기의 어린이와 임산부에게 더없이 좋
은 식품이다. 시금치에는 특히 비타민 A의 함량이 높은데, 비타민 A는 줄기보다는 잎사귀에 많고 뿌리부분에는
조혈성분이 많으므로 뿌리까지 이용하는 것이 좋다.

싱싱한 시금치를 고르기 위해서는 줄기에 물이 많고, 어린 잎이 너무 많지 않으며, 떡잎이 적은 것을 선택하도
록 한다. 시금치는 영양분이 쉽게 파괴되는 단점이 있으므로 체취한 뒤 가급적 빠른 시간 안에 살짝 데쳐 먹는
것이 좋다.

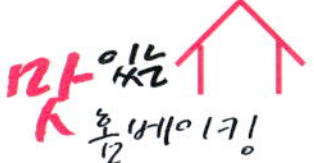

시금치 가루가 없다면 데친 시금치를 곱게 다져 사용해도 좋다. 하지만 시금치의 양이 지나치게 많
으면 떫은 맛이 날 수 있으므로 주의하도록 한다.

# 단호박 쿠키

굳이 한 가지 모양을 고집하지 않아도 좋다. 둥글둥글한 모양이나 세모 등 아이가 흥미 있어
할 여러 가지 모양으로 변형이 가능하다. 아이와 함께 여러 가지 모양을 만들다 보면 자연스
럽게 자신이 만든 쿠키에 흥미를 가지게 될 것이고 호박과도 친해질 것이다.

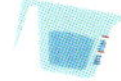 **재 료**

박력분 180g, 버터 120g, 슈거 파우더 40g, 아몬드 가루 60g,
단호박 가루 20g

 **만들기**

1. 실온에 두어 말랑한 버터에 슈거 파우더를 넣고 젓는다.

2. 1에 분량의 박력분과 아몬드 가루를 체에 쳐서 넣고 단
   호박 가루를 넣는다.

3. 주걱을 이용하여 자르듯이 가볍게 섞어준다.

4. 반죽을 사각팬이나 다 쓴 랩상자를 이용하여 원하는 크
   기로 만든다.

5. 4를 냉동고에 2시간 가량 넣었다 꺼내 원하는 두께로
   잘라 오븐에 굽는다.

**단호박 셔벗**

**재 료** 단호박 중간 것 1/2개, 꿀 2작은술, 계핏가루 약간

**만들기** 1. 단호박은 3등분해서 씨를 제거하고 김이 오른 찜기에 넣어 쪄낸다.

2. 익힌 단호박의 껍질을 제거하고 믹서에 꿀과 함께 넣고 갈아준다.

3. 2의 간 단호박을 밀폐용기에 담고 냉동실에 2시간 정도 둔다.

4. 얼린 단호박을 꺼내 포크를 이용하여 긁은 다음 다시 냉동실에서 굳힌다.

5. 이런 식으로 몇 번을 더 한 다음 용기에 담고 계핏가루를 뿌려 먹는다.

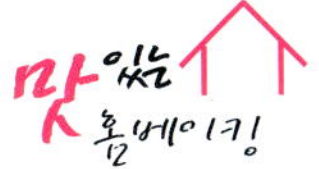


냉동 후 잘라서 굽는 쿠키의 모양을 잡을 때 마땅한 도구가 없다면 쿠킹포일이나 랩 등을 쓰고 남
은 심에 넣어 모양을 잡아 주는 것도 괜찮다.

# 단호박 스콘

요즘은 사시사철 단호박을 맛볼 수 있지만 단호박은 늦여름
부터 가을까지가 제철인 식재료이다. 다른 계절이라고 단호
박의 맛이 크게 달라지는 것은 아니지만 그래도 제철에 우리
땅에서 나는 재료를 이용한 음식을 아이들에게 먹이는 것이
좋지 않을까 싶다. 단호박 스콘은 스콘 특유의 담백함과 단
호박의 달달함이 어우러져 스콘을 즐기지 않는 사람들도 맛
있게 먹을 수 있는 메뉴이다.

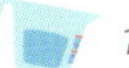

### 재 료

박력분 180g, 설탕 30g, 달걀 1개, 버터 40g, 베이킹 파우더 4g,
우유 20g, 단호박 300g, 호두 50g

### 굽기

180℃, 15분

### 만들기

1. 단호박은 깨끗이 씻어 미리 찜솥에 쪄서 적당한 크기로
   자르거나 으깨 놓는다.

2. 박력분과 베이킹 파우더는 체에 쳐서 준비한다.

3. 2에 버터를 넣고 골고루 섞어가며 다져준다.

4. 3에 달걀과 우유, 설탕을 넣고 섞어주다 찐 단호박과 호
   두를 넣어 반죽한다.

5. 팬에 원하는 모양대로 만들어 오븐에 굽는다.

2.

3.

4.

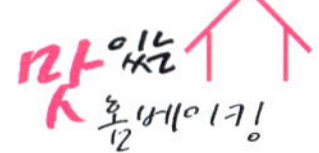

단호박 껍질을 넣을 경우 초록색이 감돌아서
더 먹음직스럽긴 하지만, 아이들이 거부감을
느낀다면 제거하고 사용한다.

**맛있는 이야기**

### 스콘 맛있게 즐기기

퀵브레드(quick bread)의 대표격인 스콘은 홍차와 함께 영국의 티타임에서 빠져서는 안될 메뉴이다. 비록
다른 제과·제빵류에 비해 다소 심심한 맛이나 모양은 볼품없지만 누구나 쉽게 만들어 먹을 수 있다는 점에서
베이킹에 처음 도전하는 사람에게 추천할만한 메뉴이다. 밋밋한 스콘의 맛을 보완해주기 위해 각종 견과류나
과일, 향신료 등을 넣어 먹기도 한다. 하지만 갓 구워 따뜻한 스콘에 딸기잼이나 클로티드 크림을 발라 먹는
것이 스콘을 가장 맛있게 먹을 수 있는 방법이다.

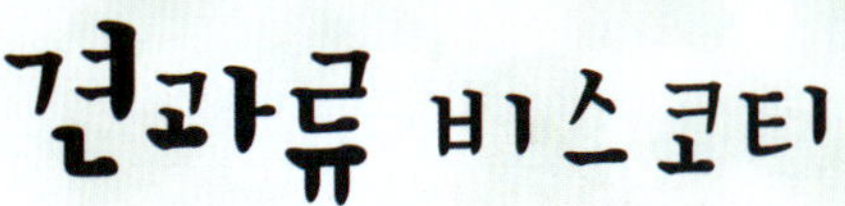

# 견과류 비스코티

선생님이나 어른들께 선물하기 좋은 인기 메뉴 중 하나
이다. 견과류는 정해진 분량과 상관없이 원하는 만큼 넣
으면 더 고소한 비스코티를 맛볼 수 있다. 덩어리 상태
로 한 번, 먹기 좋은 크기로 잘라서 한 번, 두 번 구워내
기 때문에 수분 함량이 거의 없어 오래두고 먹기 좋은
간식이다. 견과류를 별로 좋아하지 않는 아이들이라 할
지라도 고소함에 반해 자주 찾을 수 있으므로 시간 날
때 넉넉하게 구워 아이 손이 닿기 쉬운 곳에 놓아보자.

## 재료

박력분 130g, 달걀 2개, 슈거 파우더 80g, 아몬드 분말 40g,
베이킹 파우더 2g, 오일 20g, 견과류 100g

## 굽기

180℃, 20분 − 잘라서 앞면 180℃, 10분
　　　　　　　　　뒷면 180℃, 10분

## 만들기

1. 견과류는 오븐에 구워 미리 전처리를 해둔다.

2. 볼에 슈거 파우더와 오일, 달걀을 넣고 골고루 젓는다.

3. 2에 박력분과 아몬드 분말, 베이킹 파우더를 체에 쳐 넣은 후 주걱으로 가볍게 섞어준다. 날가루가 보이지 않으면 전처리한 견과류를 함께 넣고 섞어준다.

4. 팬에 납작한 모카빵 모양으로 팬닝한 후 180℃의 오븐에 20분 구워낸다.

5. 살짝 식힌 후 빵칼을 이용하여 원하는 굵기로 자른다.

6. 앞면 10분, 뒷면 10분을 오븐에서 더 굽는다.

2.

3.

4.

5.

6.

### 우리아이 안심하고 먹이기

밤, 호두, 땅콩, 잣, 피스타치오, 아몬드 등과 같은 견과류는 심혈관 질환 개선이나 예방에 도움이 되는 것으로 알려져 있다. 또한 부스럼이나 종양 등의 생성을 억제하는 '프로아테 억제제'와 '폴리페놀류'가 다량 함유되어 있어 암 예방에도 효과적이다. 견과류에는 육류의 동물성 단백질만큼 아미노산 조성이 좋은 식물성 단백질이 포함되어 있으며, 이 단백질과 식이섬유가 포만감을 오랫동안 유지시켜 주어 다이어트에 도움이 된다.

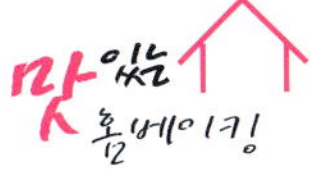



어른들이 먹을 때는 덩어리 상태로 20분, 잘라서 앞·뒤 10분씩 구워 수분을 완전히 날려주고, 아이들에게 줄 때는 너무 딱딱할 경우 자칫 턱과 이에 무리가 갈 수 있으므로 잘라서 앞·뒤 5분씩만 구워 주는 것이 좋다.

# 씨앗 쿠키

만들기도 아주 쉽고 맛 또한 부드러워 부담 없이 만들고 먹을 수 있는 쿠키이다. 꼭 씨앗류가 아니더라도 집에 있는 견과류라면 어떤 것도 상관없다. 귀찮음이 온몸을 휘감고 있는 그런 때 유치원에서 혹은 학교에서 돌아온 아이가 간식을 찾는다면 집에 있는 재료들로 휘리릭 만들어보자. 슈퍼 다녀오는 시간보다 짧은 시간에 맛도 좋고 건강에도 좋은 간식이 탄생할 수 있다.

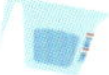
## 재 료

박력분 50g, 통밀 50g, 베이킹 파우더 5g, 달걀 1개, 설탕 30g,
오일 30g, 각종 씨앗(호박, 해바라기, 깨 등) 60g

## 굽 기

190℃, 15분

## 만들기

1. 씨앗 종류는 미리 오븐에 살짝 구워둔다.

2. 볼에 분량의 오일, 설탕, 달걀을 넣고 거품기로 섞어준다.

3. 2에 체 친 박력분과 통밀을 넣고 주걱으로 털듯이 반죽한다. 날가루가 보이지 않으면 구
   워둔 씨앗을 넣고 가볍게 섞어준다.

4. 3의 반죽을 팬에 숟가락으로 원하는 크기대로 떠 놓은 후 오븐에 굽는다.

2.

3.

4.

### 우리아이 안심하고 먹이기

　최근 씨앗 종류가 웰빙식품으로 각광을 받고 있다. 주로 기름으로 만들어서 섭취하던 것을 최근에는 살짝만
볶아 먹거나 씨앗 형태 그대로 다른 음식에 넣어 조리해 먹는다. 씨앗류에는 체내에 흡수되는 불포화 지방, 단
백질, 미네랄 등이 풍부하게 들어 있다. 특히 모든 씨앗의 껍질에는 식이섬유가 포함되어 있는데 껍질째 먹으면
변비 예방은 물론 혈중 콜레스테롤의 수치를 낮춰준다. 씨앗류를 보관할 때는 시원하고 건조하며 어두운 곳이
좋은데, 잘 밀봉하여 냉동실에 넣어두면 1년 이상도 보관 가능하다.

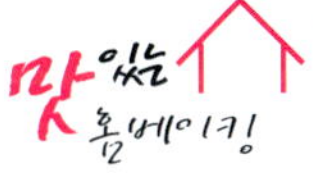

떠서 굽는 쿠키는 숟가락을 2개 준비하여 반죽을 뜨면 한결 편리하다. 숟가락 하나로 반죽을 뜨고
팬에 반죽을 내려놓을 때 다른 숟가락을 이용한다.

# 호두 파이

호두파이를 처음 맛 보았을 때 한입 베어 물자마자 도로 뱉었던 기억이 있다. 촉촉한 계란 맛이 덜 익은거라 생각했던 것이다. 호두파이를 만드는 방법에 따라 조금씩 차이는 있겠지만 이것은 조금 촉촉한 계란찜이라고 생각하는 것이 가장 좋을 듯하다. 요즘 호두파이 전문점이 생겨날 정도로 의외로 인기가 많지만 사실 그 값이 만만찮다. 선물하기도 좋고 냉장고에 넣어두고 차게 먹어도 좋은 호두파이를 완벽하게 만들어보자.

 ## 재 료

**파이** 박력분 150g, 버터 80g, 슈거 파우더 80g, 노른자 1개, 소금 약간, 물 10g
**충전물** 설탕 150g, 올리고당 150g, 달걀 6개, 물 40g, 계핏가루 2g, 호두 100g



## 만들기

### • 파이

1. 버터에 슈거 파우더, 소금을 넣고 거품기로 섞다가 노른자를 넣고 마저 섞는다.

2. 박력분을 체에 쳐서 넣은 다음 물을 넣고 주걱으로 자르듯이 섞는다.

3. 한 덩어리로 뭉친 후 밀대로 균일한 두께로 밀어준다.

4. 파이 틀에 3의 반죽을 덮고 남는 부분은 잘라낸다.

### • 충전물

5. 냄비에 분량의 물, 올리고당, 설탕을 넣고 설탕이 녹을 때까지 끓인 후 한 김 식힌다.

6. 5에 달걀과 계핏가루를 넣고 골고루 섞어준다.

7. 4의 파이 껍질에 호두를 잘라서 깔고 6의 충전물을 골고루 부은 후 오븐에 굽는다.

## 우리아이 안심하고 먹이기 

**호두**는 세계인의 건강을 위해 반드시 먹어야 할 슈퍼푸드 14가지에 선정되었을 만큼 최고 식품 중 하나이다. 호두는 그 모양이 흡사 사람의 뇌 모양과 비슷하고 풍부한 영양 성분으로 수험생이 먹으면 좋은 음식으로도 알려져 있다. 비타민은 물론 지방의 함량도 높아 걱정할 수도 있지만 육류의 지방과는 달리 불포화 지방산이라 안심하고 먹어도 된다. 하지만 지나치게 많이 먹으면 소화가 잘 되지 않을 수도 있으므로 적당히 먹는 것이 좋다. 깐 호두를 오래두면 기름이 산패하여 변질될 우려가 있으므로 최대한 빨리 먹도록 한다.

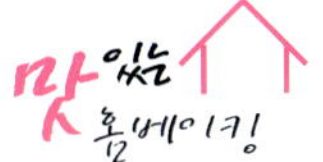

계피가 싫은 사람이라도 정해진 양만큼은 반드시 넣어야 한다. 사용되는 달걀 양이 많은데 바닐라 에센스나 기타 다른 향을 쓰지 않기 때문에 달걀 비린내가 날 수 있어 계피를 싫어하더라도 정해진 양은 넣는 것이 좋다. 대신 계피를 좋아해 분량보다 더 많이 넣는 것은 상관없다.

# 애호박 머핀

애호박은 나물로, 찌개로, 부침으로, 여러 가지 요리법으로 맛볼 수 있는 음식이다.
하지만 이렇게 해도 저렇게 요리해도 도무지 아이가 먹으려 하지 않는다면 머핀을
만들어 보자. 애호박을 잘게 다져 넣으면 애호박이 들어 있다고 거의 느끼지 못한
다. 호박을 싫어해 젓가락으로 골라내는 아이라 할지라도 촉촉한 머핀 맛에 묻혀
맛있게 먹을 수 있다.

 **재 료**

박력분 150g, 베이킹 파우더 4g, 달걀 1개, 설탕 100g, 오일 90g, 애호박 140g, 견과류 50g

**굽 기**

180℃, 20분

**만들기**

1. 애호박은 깨끗이 씻어 기호에 따라 채 썰거나 잘게 다져 준비한다.

2. 볼에 분량의 오일과 달걀, 설탕을 넣고 설탕이 녹을 때까지 저어준다.

3. 2에 박력분과 베이킹 파우더를 체에 쳐서 넣고 털듯이 섞어 반죽한다.

4. 3에 1의 애호박과 견과류를 넣고 골고루 섞는다.

5. 머핀틀에 70~80% 정도 되도록 반죽을 떠 넣은 후 오븐에서 굽는다.

1.

2.

3.

5.

**우리아이 안심하고 먹이기**

　애호박은 소화기 계통을 보호하고 기운을 더해주는 식품으로 당질과 비타민 A와 C가 풍부하게 들어있다. 소화 흡수가 잘 되어 아이들의 영양식이나 이유식 재료로 더 없이 좋은 재료 중 하나이다. 단맛이 강한 애호박은 조미료를 따로 넣지 않아도 되기 때문에 반찬으로 자주 애용된다. 뿐만 아니라 사철 쉽게 구할 수 있는 식재료이고 초록색의 색감이 음식을 맛있게 보이게도 한다. 애호박의 비타민은 지용성 비타민으로 기름에 볶아 익혀 먹을 때가 비타민의 체내 흡수율을 가장 높일 수 있는 방법이다.

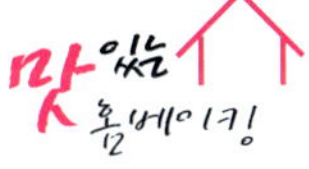

반죽 속에 들어가는 견과류는 살짝 볶아 사용하는 것이 견과류 특유의 비린 향을 없애고 고소함을 더할 수 있는 방법이다.

# 양파 마들렌

마들렌의 응용 버전 중의 하나이다. 본래 마들렌이 촉촉하고 달
콤한 맛에 먹는 것인데 양파를 볶아 넣으면 익힌 양파가 내는 특
유의 단맛과 향이 독특한 맛을 낸다. 평소 양파를 싫어하던 아이
라도 얼마든지 맛있게 먹을 수 있는 메뉴이다. 꼭 양파가 아니라
도 아이가 평소 싫어하는 야채가 있다면 잘게 채 썰거나 다져 살
짝 볶아 넣어도 된다.

 **재 료**

박력분 80g, 달걀 1개, 설탕 40g, 베이킹 파우더 2g, 오일 20g, 양파 100g

 **만들기**

1. 양파는 기호에 따라 채 썰거나 다져 기름을 두르지 않고 팬에 볶아 준비한다.

2. 볼에 분량의 오일과 설탕, 달걀을 넣고 섞어준다.

3. 2에 박력분과 베이킹 파우더를 체에 쳐서 넣고 섞다가 1의 양파를 넣는다.

4. 키친타월에 버터를 묻혀 팬을 한 번 닦은 다음 80% 정도로 반죽을 떠 넣은 후 오븐에 굽는다.

1.

2.

4.

## 우리아이 안심하고 먹이기

**양파**는 수분이 90% 정도 차지하고 각종 당질과 단백질, 비타민 C가 함유되어 있는 채소이다. 양파는 특유의 달콤한 맛도 좋지만 성인병 예방에 최고의 음식으로 알려져 있다. 특히 혈액을 정화시키는 기능이 있어 건강 유지에도 좋은 식품이다.

  양파를 만졌을 때 물컹하면 속이 썩은 것이므로 한 손에 들었을 때 무겁고 단단한 것을 찾아야 한다. 또한 양파를 제대로 고르려면 너무 크거나 작지 않고 껍질에 윤기가 나는 것을 선택하는 것이 좋다. 양파를 보관할 때는 망에 담긴 그대로 바람이 잘 통하는 서늘한 곳에 두고, 양파를 썬 채로 오래두면 특유의 톡 쏘는 맛이 사라질 수 있으므로 가급적 통째로 보관하는 것이 좋다.

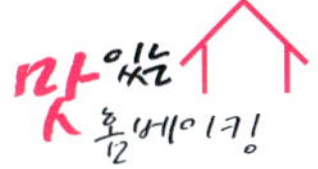

생 양파는 향이 강해 그대로 넣기는 부담스럽다. 반면 익힌 양파는 향은 줄어들지만 특유의 단맛이 강해지므로 살짝 익혀 넣는다.

# 시금치 머핀

머핀은 남녀노소 누구나 좋아하는 빵이다. 보통은 모카, 초코, 견과류 머핀 등을 선호하는데 각종 야채들을 넣어 구우면 맛과 함께 건강까지 챙길 수 있어 1석2조의 효과를 노릴 수 있다. 시금치 머핀의 경우 시금치가 나는 철이라면 시금치를 데쳐 잘게 다져 넣으면 되고 시금치를 구하기 힘들 때는 시금치 가루를 사용하면 된다.

### 재 료

박력분 200g, 베이킹 파우더 5g, 버터 170g, 설탕 160g, 소금 1g,
달걀 2개, 시금치 30g 또는 시금치 가루 20g

### 굽 기

180℃, 20분

### 만들기

1. 시금치는 물에 한 번 데친 후 잘게 다져 준비한다.

2. 실온에 두어 말랑해진 버터에 설탕, 소금을 넣고 설탕
   이 녹을 때까지 저어준다.

3. 2에 노른자부터 넣고, 흰자는 3~4번 나누어 넣는다.

4. 3에 박력분과 베이킹 파우더를 체에 쳐서 넣고 날가루
   가 보이지 않을 때까지 섞는다.

5. 4에 1의 시금치를 넣고 섞은 후 머핀틀에 70~80%가
   량 채운 다음 오븐에 굽는다.

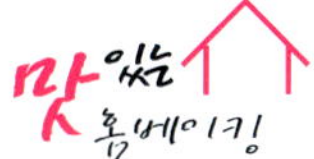

오븐에서 머핀을 꺼내면 한 김 날린 다음 수분이 차
지 않도록 식힘망이나 유산지를 깐 쟁반에서 식혀
준다.

---

### 맛있는 이야기

**든든한 한 끼 식사 머핀**

머핀은 팽창제를 사용하여 위로 부풀게 하는 미국식과 이스트를 사용하여 둥글납작하게 구워내는 영국식 머
핀 두 종류가 있다. 우리가 흔히 알고 먹는 것은 미국식 머핀으로 수분이나 유지가 다량 함유되어 있어 무겁지
만 촉촉한 식감을 자랑한다. 머핀은 주로 아침 식사 대용으로 먹었던 것으로 반죽에 여러 가지 곡물가루는 물
론 견과류, 향미료, 과일 등 첨가하는 재료에 따라 천만 가지의 맛을 낼 수 있다.

# 당근 머핀

피부 미인으로 거듭나기 위한 식재료 중에 당근은 꼭 포함된다. 여러모로 영양이 풍부한 당근이지만 당근은 아이들의 대표 편식 메뉴 중의 하나이다. 아이들에게 당근 요리를 먹이기 위한 다양한 요리법을 잘 모를 경우 베이킹에 관심 있는 엄마라면 한 번쯤 도전해 볼만한 것이 당근 머핀이다. 따로 익힐 필요 없이 곱게 다진 채로 반죽에 넣어 구우면 맛있는 머핀이 완성된다.

### 재 료

박력분 200g, 베이킹 파우더 5g, 버터 170g, 설탕 160g, 소금 1g,
달걀 2개, 당근 50g

### 만들기

1. 당근은 껍질을 벗기고 깨끗이 씻어 곱게 다져 준비한다.

2. 실온에 두어 말랑해진 버터에 설탕과 소금을 넣고 설탕이 녹을 때까지 젓는다.

3. 2에 달걀 노른자 먼저 넣고, 흰자는 3~4번에 나누어 넣으면서 섞어준다.

4. 3에 박력분과 베이킹 파우더를 체에 쳐서 넣고 섞다가 다진 당근을 넣어 반죽한다.

5. 준비한 머핀틀에 70~80%가량 채운 다음 오븐에서 굽는다.

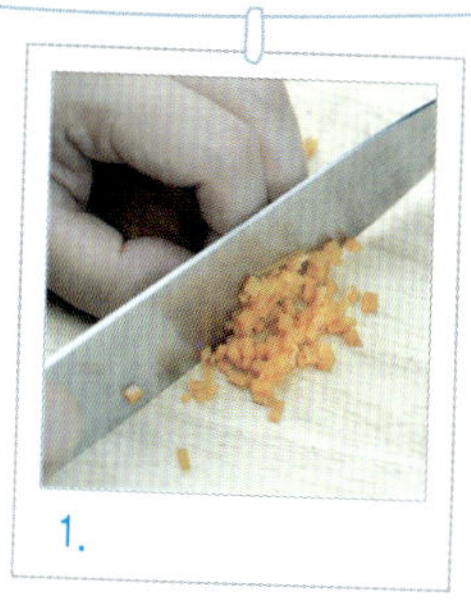
1.

2.

3.

### 당근 수프

**재  료**  당근 450g, 쌀 25g, 버터 25g, 베이컨 70g, 양파 1개, 채소 육수 1.2L, 소금 · 후추 약간

**만들기**  1. 쌀은 물에 담가 불리고, 당근, 베이컨, 양파는 잘게 썰어 준비한다.

2. 냄비에 버터를 녹이다가 잘게 썬 양파와 베이컨을 넣고 부드러워질 때까지 볶아준다.

3. 2에 썰어둔 당근과 불린 쌀, 육수를 넣고 끓인다.

4. 끓기 시작하면 불을 약하게 줄여 30분 정도 더 끓여 당근을 부드럽게 한다.

5. 믹서나 핸드 블랜더를 이용하여 4의 수프를 한 번 갈아준 다음 소금과 후추로 간한다.

6. 육수나 물을 넣고 농도를 조절해가며 한 번 더 끓여준다.

# 파프리카 머핀

색색이 고운 파프리카는 사실 그냥 먹어도 맛있지만 머핀에
넣으면 여러 가지 색이 나서 더욱더 맛있게 보인다. 파프리
카는 영양적인 면에서도 훌륭하지만 다이어트 음식으로도
손색이 없는 식품이다. 하지만 파프리카 역시 다른 야채들과
마찬가지로 아이들에게 먹이기 쉽지 않은 식품이다. 아이가
머핀을 좋아한다면 색색의 파프리카를 넣어 만들어보자. '엄
마 하나 더~'를 외쳐 엄마 마음을 뿌듯하게 할 것이다.

### 재 료

박력분 200g, 베이킹 파우더 5g, 버터 170g, 설탕 160g, 소금 1g,
달걀 2개, 파프리카 50g

### 굽 기

180℃ 20분

### 만들기

1. 파프리카는 깨끗이 씻어 속은 파내고 껍질은 잘게 다져 준비한다.

2. 실온에 두어 말랑해진 버터에 설탕과 소금을 넣고 녹을 때까지 충분히 저어준다.

3. 2에 달걀 노른자 먼저 넣고, 흰자는 3~4번 나누어 넣으면서 섞는다.

4. 3에 박력분과 베이킹 파우더를 체에 쳐서 넣고 1의 다진 파프리카를 넣어 반죽한다.

5. 준비한 머핀틀에 70~80%가량 채운 다음 오븐에 굽는다.

## 우리아이 안심하고 먹이기

**파프리카**는 칼로리 함량은 매우 낮으면서 식이섬유와 비타민이 풍부하며 수분이 많아 섭취 시 쉽게 포만감을 느낄 수 있어 다이어트를 계획하는 사람들한테 좋은 식품이다. 노랑 & 초록색 파프리카는 비타민 C의 함량이 높아 산화되기 쉬우므로 생으로 먹는 것이 좋다. 반면 빨강 & 주황 파프리카에는 베타카로틴 함량이 높아 기름에 익혀 먹었을 때 흡수가 잘되는 지용성 비타민이다.

좋은 파프리카를 고르기 위해서는 색상이 선명한지, 반듯한 모양인지 잘 살펴본다. 또한 꼭지 부분이 마르지 않고 흠집이 없고 윤기가 나며 골 사이에 변색이 없는 것이 좋은 파프리카이다.

# 호박 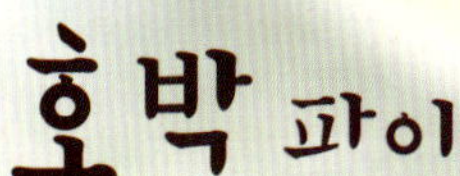파이

호박파이는 촉촉하고 달콤한 파이이다. 호두파이나
사과파이를 그다지 즐기지 않는 사람이라도 호박파
이는 부담 없이 먹을 수 있다. 충전물은 아낌없이, 제
대로, 많~이 넣어주는 것이 비결 중 하나이다. 호박
맛보다 부드러운 크림 느낌의 맛이 강해서 된장찌개
의 호박을 일일이 건져내고 먹던 아이라도 아무 거
리낌 없이 맛있게 먹을 수 있다.

 ## 재 료

**파이**  박력분 150g, 버터 80g, 슈거 파우더 80g, 달걀 노른자 1개, 소금 약간, 물 30g
**충전물**  삶은 단호박 250g, 버터 10g, 설탕 20g, 생크림 100g, 달걀 노른자 1개, 아몬
드 가루 10g



## 만들기

### • 파이

1. 말랑한 버터에 슈거 파우더와 소금을 넣고 섞다가 달걀 노른자를 넣어 섞는다.

2. 1에 박력분을 넣고 조금씩 물을 넣어 섞으면서 반죽 되기를 조절한다.

3. 날가루가 없어지면 손으로 반죽을 살짝 주무른 후 밀대로 일정한 두께로 밀어준다.

4. 파이 팬에 반죽을 얹고 남는 부분은 잘라낸 후 포크로 반죽을 군데군데 찍어준다.

### • 충전물

5. 익힌 단호박은 위에 올릴 것을 제외하고는 으깨어 준다.

6. 분량의 재료를 한 번에 섞은 후 4의 파이 껍질에 부은 후 오븐에 굽는다.

1.

3.

4.

## 이렇게도 먹어요! 단호박 수프

**재 료**  단호박 1개, 양파 1/2개, 브로콜리 1/2송이, 우유 1L, 생크림 3큰술, 소금 약간

**만들기**  1. 단호박은 껍질을 제거하고 푹 쪄낸다.

2. 양파는 곱게 다지고, 브로콜리는 데친 다음 다져 준비한다.

3. 익힌 단호박은 물이나 우유를 조금 넣고 믹서나 핸드 블랜더에 곱게 갈아준다.

4. 냄비에 버터를 녹여 양파를 볶다가 3의 으깬 단호박을 넣어 볶는다.

5. 우유와 브로콜리를 넣어 한소끔 끓인다.

6. 소금으로 간을 하고 생크림을 넣어 고소함을 더해준다.

# 쿠키 & 케이크

**성장기** 아이들의 비만이 더 무서운 이유는, 어른의 비만이 단순히 지방 세포가 두터워지는 것임에 반해, 아이의 비만은 비만 세포 수가 늘어나는 것이기 때문이라고 한다. 그래서 살을 빼는 것이 어른보다 힘들고 오래 걸릴 수 있다. 예전에는 아이 때 찌는 살은 다 키로 간다고하여 괜찮다고 생각했지만 그런 마음으로 아이를 방치했다간 비만으로 올 수 있는 여러 질병에 아이를 일찍 노출시키는 결과밖에 가져오지 않는다. 하지만 한참 잘 먹을 시기의 아이들에게 이것저것 제한을 두어 스트레스를 줄 수는 없다. 그럴 때 살찔 염려 없이 건강하게 즐길 수 있는 엄마표 간식을 만들어 주자.

# 오트밀 쿠키

오트밀과 함께 각종 견과류를 듬뿍 넣어 바삭하게 씹히는 맛이
일품인 쿠키이다. 보통 몸에 좋은 것이 입에 쓰다고 불량 식품이
더 맛있다고 하지만, 그건 저기 깊은 상자에 넣고 열쇠로 잠가 버
려야 할 예전 얘기일 뿐이다. 조금 더 공부하고 조금 더 노력하면
몸에 좋은 것이 입에도 즐겁고, 아이들이 배부르고 맛있게 먹으
면서도 건강까지 챙길 수 있는 방법들이 얼마든지 있다.

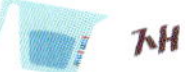
### 재 료

박력분 150g, 베이킹 파우더 4g, 설탕 80g, 달걀 1/2개, 버터 140g,
오트밀 80g, 견과류 80g

### 굽기

190℃, 15분

### 만들기

1. 견과류는 오븐에 살짝 구워 전처리를 해놓는다.

2. 실온에 두어 말랑해진 버터에 설탕을 넣고 거품기로 충분히 젓는다.

3. 2에 달걀 노른자부터 넣고, 흰자는 2번에 나누어 넣으면서 설탕이 녹을 때까지 저어준다.

4. 3에 박력분과 베이킹 파우더를 체에 쳐서 넣고 골고루 섞는다.

5. 4의 반죽에 오트밀과 견과류를 넣고 골고루 섞어준다.

6. 팬에 원하는 크기로 동그랗게 만든 다음 오븐에 굽는다.

2.

3.

5.

### 우리 아이 안심하고 먹이기

오트밀은 보통 빻은 귀리를 의미하며, 처음에는 환자식으로 취급되어 일반인들은 거의 먹지 않았지만 단백질을 비롯한 지방·무기질 등 종합 영양소와 함께 식이섬유가 풍부한 것이 알려지면서 대중적 인기를 끌기 시작했다. 보통은 아침식사 대용으로 죽으로 끓여 먹거나 빵, 쿠키 등에 사용되지만 보습력과 진정효과가 뛰어나고 알레르기 반응이 거의 없어 피부 관리에도 이용된다.

오트밀은 백색으로 전체적으로 입자가 고르며 충분히 건조되어 향기와 풍미가 좋은 것을 선택하도록 한다.

# 통밀 쿠키

최근 연구 결과에 따르면, 통밀이나 오트밀 등 정제하지 않은 통곡 식품을 많이 섭취하게 되면 내장 지방을 줄여 건강에 도움이 된다고 한다. 건강에는 매우 좋은 식품이지만 통곡 식품은 그 맛이 꺼끌꺼끌하여 맛있게 먹기 힘든 식품인 것 또한 사실이다. 아이에게 통곡 식품을 맛있게 먹이고 싶다면 엄마표 쿠키를 구워 줘보자. 아이의 기호에 따라 밀가루와 통밀의 비율을 조절한다면 세상에서 하나뿐인 맛있는 쿠키를 구울 수 있다.

 **재 료**

박력분 60g, 베이킹 파우더 2g, 통밀 120g, 버터 45g,
설탕 45g, 우유 60g

**굽 기**

190℃, 15분

**만들기**

1. 작업대나 팬, 쟁반 등에 비닐을 깔고 박력분과 베이킹
   파우더, 통밀을 체에 쳐서 내린다.

2. 체에 친 가루에 차가운 버터를 넣고 자르듯이 섞어준다.

3. 2에 달걀은 흰자, 노른자 구분 없이 한번에 넣고 섞다가
   우유를 넣고 골고루 섞는다.

4. 반죽에 날가루가 보이지 않으면 손으로 한 덩어리를 만
   들어 준다.

5. 실리콘 페이퍼를 깔고 덧가루를 살짝 뿌린 다음 밀대에
   도 덧가루를 바르고 일정한 두께로 반죽을 밀어준다.

6. 쿠키 커터기로 원하는 모양을 찍은 후 이쑤시개로 구멍
   을 낸 다음 오븐에 굽는다.

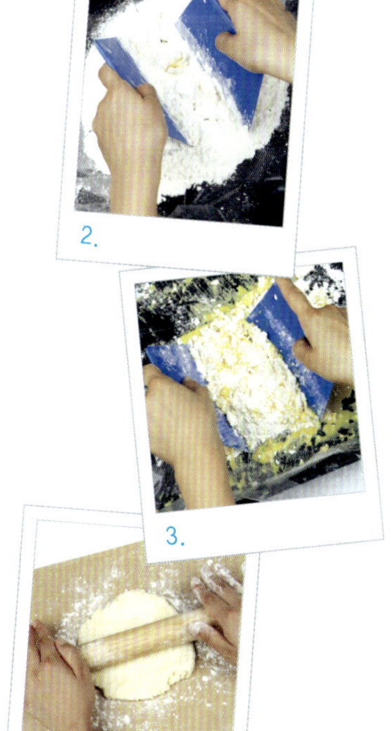

**■■ 우리아이 안심하고 먹이기**

**통밀**은 정제되지 않은 곡물로 풍부한 섬유질로 이루어져 있다. 이 섬유질에는 각종 미네랄과 비타민, 그리고
질 좋은 불포화 지방산이 다량 함유되어 있는데 완전히 도정한 밀가루 음식을 먹었을 때 느낄 수 있는 더부룩함
이나 소화불량이 거의 생기지 않는다. 풍부한 섬유질로 변비 예방에 매우 효과적이며 혈압 조절과 혈액순환을
촉진시켜 인슐린 생성 효과도 기대할 수 있다. 특히 통밀의 씨눈에 있는 '감미로리자놀' 이라는 신경 안전 물질이
피로 회복과 스트레스 완화에 도움을 주는 것으로 알려져 잔병 치레가 잦은 아이들에게 특히 좋다.

# 우유 젤리

우유는 성장기의 아이들에게 꼭 필요한 식품 중 하나이다. 영양가도
높고 다른 간식에 비해 부담 없이 먹을 수 있긴 하지만 액체 상태의
우유는 사람에 따라 쉽게 질릴 수도 있다는 단점이 있다. 이럴 때 소
량의 당 성분과 젤라틴을 이용하여 맛있는 젤리를 만들어 보자. 젤리
용기를 다양하게 한다면 우유를 마시는 것 외에도 색다르게 먹을 수
있다는 사실에 아이들이 더욱 즐거워 할 것이다.

### 재 료

우유 300g, 꿀 30g, 판 젤라틴 1장(8g), 물 적당량

### 만들기

1. 판 젤라틴은 2~3분 정도 물에 담가 불려놓는다.

2. 분량의 우유와 꿀을 섞고 불린 젤라틴을 넣는다.

3. 2를 젤라틴이 녹을 때까지 중탕으로 살짝 데우거나 약
   불에서 저어가며 녹인다.

4. 원하는 모양의 용기에 담은 다음 냉장실에 넣어 굳힌다.

## ▩ 우리아이 안심하고 먹이기 ▩

우유는 완전식품이라고 알려져 있으며 성장기 아이들에게 꼭 필요한
음식이다. 100여 가지가 넘는 각종 영양소를 포함하고 있어 균형잡힌 영
양 공급이 가능하며 성장 발육에 좋다. 다량의 유당이 갈락토시드라는
물질을 생성해 내는데 이는 두뇌 발달을 촉진시켜 주고, 비타민 A는 소
화기관을 보호해 주는 역할을 한다. 우유는 이런 영양학적 면만 좋은 식
품이 아니다.

우유를 피부 관리에 이용한다면 우리 아이 피부를 한결 매끄럽고 촉촉
한 피부로 바꿔줄 수 있을 것이다. 건조하고 각질이 일어나기 쉬운 겨울
철에 우유를 이용한 피부 관리법은 그리 어렵지 않다. 38℃로 데운 우유
로 세안을 하고 미지근한 물로 말끔히 씻어 내거나, 손과 발을 담그는
것도 좋다.

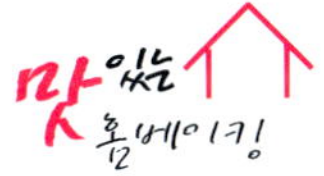

꿀 대신 아가베 시럽을 넣어도 좋다. 아가베 시럽은 아가베 선인장 둥지의 즙을 적절한 온도로 가
열하여 시럽 형태로 만든 것으로 설탕이나 꿀 대신 사용하는 천연 감미료이다. 일반 설탕보다는
당도가 높고 혈당 지수는 낮으면서 음식 고유의 맛을 잘 살려 최근 애용되고 있는 감미료이다.

# 오렌지 젤리

아이들이 좋아하는 간식 중의 하나인 젤리 종류는 만들기가 그리 어렵지 않다. 시중에 판매
되고 있는 첨가물 범벅의 젤리류를 믿기 어렵다면 엄마표 젤리를 만들어 보자. 필요한 재료
도 매우 착할 뿐 아니라 아이랑 함께 만들기에도 부담 없어 지루한 오후를 행복하게 보낼
수 있는 방법이 되어 줄 것이다.

 **재 료**

오렌지 1개, 꿀 20g, 레몬즙 약간, 가루 젤라틴 5g

### 만들기

1. 오렌지는 소주로 표면의 왁스를 닦고 물에 담갔다 수세미로 씻는다. 소금으로 한 번 더 씻은 뒤 소금과 식초를 섞은 물에서 15분 정도 담갔다 흐르는 물에 깨끗이 씻어 준비한다.

2. 오렌지 꼭지 부분을 잘라내고 속을 파낸다.

3. 오렌지 속은 갈아서 베보자기나 체에 걸러둔다.

4. 체에 거른 오렌지에 가루 젤라틴을 넣고 약한 불에서 젤라틴이 녹을 정도로 젓는다.

5. 불을 끄고 레몬즙, 꿀을 4에 넣고 골고루 섞는다.

6. 5를 2에 부어 냉장고에서 굳힌다.



## 우리아이 안심하고 먹이기 

오렌지에는 비타민 C가 풍부하게 들어 있는데, 비타민 C는 감기 예방에 효과적이며 멜라닌의 생성을 억제해 피부 미용과 피로 회복에 매우 효과적이다. 오렌지는 실온에서 하루 이틀 보관이 가능하나, 겨울에는 차갑고 서늘한 곳에서, 여름에는 비닐 봉투에 담아 냉장 보관한다.

오렌지를 고를 때는 형태가 둥글고 들어 보았을 때 무거운 것이 과즙이 많고 신선한 것이다. 또 껍질이 부드럽고 붉은 빛이 강한 오렌지가 더 맛있다. 오렌지와 같이 껍질이 두꺼운 과일은 방부제와 농약이 많이 묻어 있다. 직접 손으로 만져 봤을 때 반짝거리는 것이 묻어나거나 흠이 있는 것은 피하는 것이 좋다. 또 윤기가 흘러야 맛있어 보이기 때문에 왁스를 바르는 경우도 많은데 깨끗이 씻은 후에 먹도록 한다.

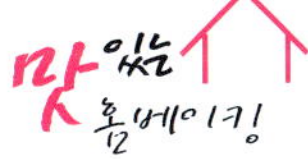

집에 레몬즙이 없다면 굳이 넣지 않아도 된다.
오렌지의 당도에 따라 꿀은 생략하거나 조절하여 넣는다.

# 종합 과일 젤리

여름내 팥빙수를 만들어 먹고 남은 과일 통조림의
유통기한이 다가오고 그냥 먹기엔 심심하다면 과일
통조림을 이용한 젤리를 만들어 보기를 권한다. 과
일 통조림 대신 냉장고를 배회하고 있는 생과일이
있다면 이 역시 좋은 젤리 재료가 된다. 꼭 통조림,
혹 어떤 과일이어야 한다는 정답은 없다. 그냥 우리
식구가 좋아하는 과일이라면 뭐든 맛있는 젤리의 재
료가 될 수 있다.

 **재 료**

과일 통조림 1캔, 판 젤라틴 2장, 물 적당량

 **만들기**

1. 판 젤라틴은 물에 2~3분 정도 담가 불린다.

2. 과일 통조림 속의 시럽에 불린 젤라틴을 넣고 살짝 끓여준다.

3. 젤리 만들 용기에 과일을 예쁘게 배열한다.

4. 3에 2의 끓인 시럽을 붓고 냉장고에서 굳히면, 예쁜 젤리가 만들어진다.

**젤라틴은** 동물성 단백질인 콜라겐을 가공하여 얻어내는 유도 단백질이다. 단독식품으로서 쓰이지는 않지만 여러 특성을 가지고 있어 과자, 젤리, 아이스크림 등 식품 가공에 응고제로 많이 이용된다. 젤라틴은 맛이나 냄새가 없으며 영양학적으로는 몇 가지 아미노산이 결핍된 불완전 단백질로 영양가는 낮지만 소화 흡수되기 쉽다.

젤라틴 분말은 5분, 판 젤라틴은 10분 정도 불렸다가 40~60도로 가열하면 용해되고, 10도 이하로 냉각하면 굳게 된다. 끓는 물을 사용하면 응고력이 약해지므로 너무 센 불을 사용하지 않는다.

젤라틴은 가공 형태에 따라 판 젤라틴과 분말 젤라틴으로 나눈다. 판 젤라틴은 분말 젤라틴에 비해 순도가 낮고 점탄성이 높은 반면, 가루 젤라틴은 강도가 높아 약간 단단하다. 상온에서 건조한 상태로 용기 안에 밀봉하여 보관하면 장기간 보관이 가능하다.

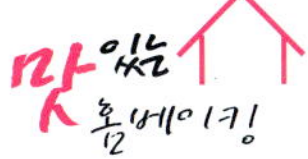

통조림 안의 시럽이 미덥지 않다면 적당한 당도로 시럽을 따로 만들어 넣어도 좋다. 아니면 냉장고 속의 오렌지 주스를 넣어도 예쁜 색의 젤리를 얻을 수 있다.

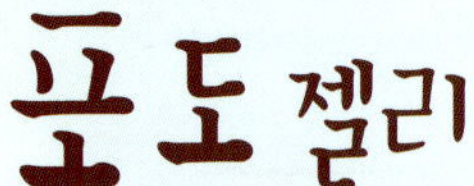

# 포도 젤리

늦여름에서 초가을 사이 포도 한 상자쯤은
구비해놓고 먹는 집이 많다. 집에서 담근 술
을 좋아하는 어른이 있다면 포도로 술을 담
가 먹기도 하고 잼을 만들어 아이들 간식 줄
때 식빵에 발라 먹기도 하지만 대체로 껍질,
과육, 씨까지 다 먹지는 않는다. 포도 젤리는
이 모두를 함께 사용하는 것으로 포도의 영
양을 빠짐없이 고스란히 섭취할 수 있다.

 ## 재 료

포도 1송이, 물 1컵, 설탕 20g, 판 젤라틴 1장

## 만들기

1. 판 젤라틴은 물에 담가 2~3분 정도 불린다.

2. 포도는 깨끗이 씻어 껍질째 믹서에 넣고 물과 설탕을 함께 넣어 갈아서 준비한다.

3. 2의 포도 물을 체에 거른 후 불린 젤라틴을 넣고 중탕으로 녹여준다.

4. 예쁜 그릇에 3을 붓고 냉장고에서 굳힌다.

1.

3.

4.

**포도**의 주요 당성분인 포도당은 인체의 대사량에 필요한 에너지를 만들고 흡수가 잘 된다는 장점이 있다. 포도는 당분 외에도 유기산, 비타민 B군과 C, 칼륨과 철분 등이 풍부한 대표적인 알칼리 식품이다. 포도는 껍질의 색이 진할수록 영양도 풍부한데 껍질의 검은색을 내는 플라보노이드 성분이 혈액 순환을 도와 심장병을 예방하는 역할을 한다. 또한 포도씨에는 피부 탄력에 좋은 토코페롤이 풍부하므로 충분한 영양 섭취를 위해서는 껍질부터 씨까지 모두 먹는 것이 좋다. 포도는 송이 끝에 달려 있는 알이 맛있으면 전체가 맛있다고 한다. 껍질째 입에 들어가는 포도의 잔류 농약이 걱정된다면 적당한 크기로 잘라 식촛물에 잠깐 담갔다 흐르는 물에 흔들어 씻어준다.

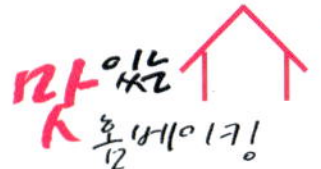

이 모든 과정이 번거롭다면, 혹은 포도 철이 아닌데 포도 젤리가 먹고 싶다면 시판되는 포도 주스를 이용해도 된다. 제철 포도를 이용할 경우엔 검은색의 킴벨 포도가 제일 예쁘게 색이 나온다.

# 파인애플 젤리

파인애플은 열대 과일이라 우리나라에서는 그리 흔한 과일이 아니다. 하지만 요즘은
대형 마트에 가면 수입산 파인애플을 언제든지 맛볼 수 있다. 다른 과일과 마찬가지
로 파인애플도 새콤달콤한 젤리로 만들어 먹을 수 있다. 파인애플은 충분히 단 과일
이므로 당류는 조금만 넣는 것이 좋다.

## 재 료

파인애플 250g, 꿀 20g, 판 젤라틴 2장

## 만들기

1. 파인애플은 믹서를 이용하여 곱게 갈아서 준비한다.

2. 판 젤라틴은 2~3분 정도 물에 담가 불려준다.

3. 파인애플 간 것에 불린 젤라틴을 넣고 녹을 때까지
   중탕으로 데우거나 약불에서 주걱으로 저어가며 데워준다.

4. 불을 끄고 3에 꿀을 넣어 골고루 섞는다.

5. 원하는 틀에 4를 붓고 냉장고에서 굳힌다.

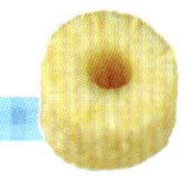

### ■ 우리아이 안심하고 먹이기 ■

　**파인애플**은 수분 함량이 93%에 달하는 과일로 섬유질이 풍부해 변비에 좋다. 파인애플에는 단백질 분해 효소가 들어 있어 육류 요리 시 갈아 넣으면 육질을 연하게 해준다. 또한 육류를 먹을 때 파인애플을 함께 먹어주면 단백질의 소화를 도와 소화불량을 예방할 수 있다.

　파인애플을 보관할 땐 몸체에 푸른빛이 도는 것은 아직 덜 익은 것이므로 실온에 두었다 먹는 것이 좋고 노란색으로 완전히 숙성한 것은 냉장보관하면 된다. 파인애플을 장기간 보관하고 싶다면 껍질은 제거하고 속살만 랩으로 씌워 냉장고에 넣으면 된다. 파인애플을 거꾸로 세워 보관하면 끝에 몰려있던 당분이 퍼져 고루 전체적으로 단맛을 낸다.

　그냥 먹어도 맛있는 파인애플이지만 소스를 만들어 샐러드 위에 얹어 먹으면 달콤한 소스의 맛으로 야채를 잘 안먹는 아이에게 야채를 먹일 수 있는 좋은 방법이 된다. 파인애플 소스는 파인애플에 꿀 또는 올리고당과 식초(혹은 레몬즙), 소금, 플레인 요구르트를 넣고 믹서에 갈아주면 된다.

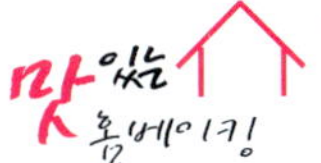

부드러운 젤리를 원한다면 파인애플은 곱게 갈아서 체에 한 번 걸러줘야 한다.

# 우유 푸딩

모 제과회사에서 2009년에 선보여 꽤 인기를 끌었던 메뉴이다. 본래 푸딩은 달콤하게 만들어 식후에 즐기는 디저트이지만 근래에 들어 특유의 부드러운 식감과 부담 없는 맛으로 간식으로 즐기는 사람도 늘어나고 있는 추세이다. 또 어린 아이의 간식으로 질식의 위험이 있는 젤리보다는 권하고 싶은 간식류이기도 하다.

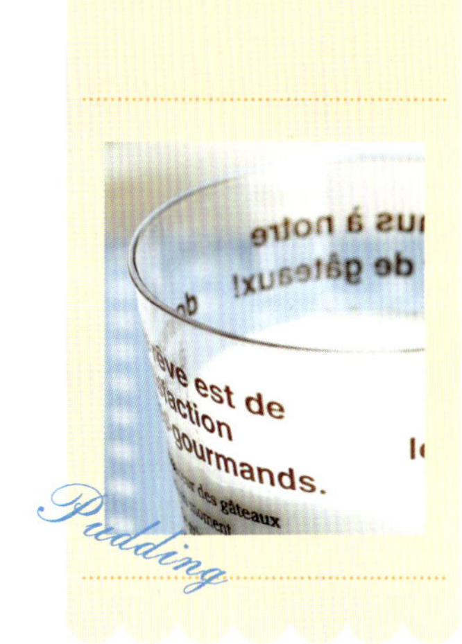

 **재 료**

우유 250g, 생크림 100g, 설탕 40g, 판 젤라틴 1장

**만들기**

1. 판 젤라틴은 물에 2~3분 정도 담가 불려준다.

2. 우유에 생크림을 넣고 섞어준다.

3. 2의 우유에 불린 젤라틴과 설탕을 넣고 중탕으로 녹인다.

4. 예쁜 용기에 3을 담고 냉장고에서 굳힌다.

1.

3.

4.

## ■ 우리아이 안심하고 먹이기 ■

    **신선한** 우유는 포장이 깨끗하고 각종 표시사항이 선명하며 확실한 것이어야 한다. 또한 포장 접착 부위에서 우유가 새어 나오지 않는지, 형태가 일그러져 있지는 않은지 포장 형태를 잘 살펴봐야 하며, 개봉했을 때 내부에 거품이 있거나 침전물이나 이물질이 없는지 잘 살펴봐야 한다. 개봉한 우유는 유통기한 내에 빨리 마시는 것이 좋으며 적정 온도로 보관해야 한다.

    그래도 우유가 남을 것 같다면 다양한 방법으로 우유를 활용하는 것도 괜찮다. 카레를 데울 때 우유를 넣어서 데우면 양도 줄지 않고 짜지 않으면서 부드러운 카레를 먹을 수 있다. 또 옷에 먹물이 묻었을 때 담가 놓거나 변색된 흰 블라우스를 우유에 담갔다 세탁해도 효과를 볼 수 있다. 이외에도 변색한 금반지나 은식기 등을 미지근한 우유에 10분 쯤 담갔다 닦으면 광택을 살릴 수 있으며 입구가 넓은 그릇에 우유를 담고 냉장고에 넣어두면 냉장고 속 냄새를 줄일 수 있다.

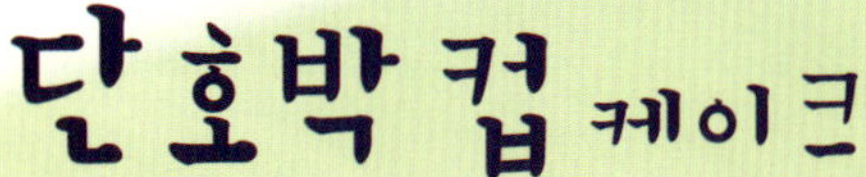

# 단호박 컵 케이크

케이크라고 하면 원형의 큰 케이크를 떠올리는 사람들이 많다. 하지만 특별한 날이라고 사온 그 큰 케이크가 냉장고 속 애물단지가 되어 한동안 자리만 차지하고 있는 경험, 누구나 한번쯤은 해봤을 것이다. '케이크는 이런 모양' 이라는 고정관념만 버린다면 훨씬 다양하고 맛있는 케이크를 즐길 수 있다. 단호박 컵 케이크도 그 중 하나이다. 특히 단호박을 즐기지 않는 아이라도 예쁜 용기에 담긴 달콤하고 부드러운 케이크를 보면 금방 좋아하게 될 것이다.

### 재 료

카스텔라 1봉, 찐 단호박 1/2통, 꿀 30g, 생크림 30g, 호박씨 20g

### 만들기

1. 찐 단호박은 기호에 따라 껍질을 벗기거나 그대로 으깨어 준비한다.
2. 으깬 단호박에 꿀과 호박씨, 생크림을 넣고 고루 섞는다.
3. 카스텔라는 용기에 맞게 자른다.
4. 용기 제일 아래부터 카스텔라를 깔고 2의 으깬 단호박을 올리고, 그 위에 카스텔라를 깔고 다시 단호박을 올린다.
5. 제일 위에 호박크림을 올리고 보기 좋게 장식을 한다.

## 단호박밤무스

**재 료**  밤 100g, 단호박 100g, 아가베 시럽 2큰술, 생크림 2컵, 카스텔라 가루 2큰술, 코코아 가루 약간

**만들기**
1. 밤과 단호박은 푹 찐 다음 껍질을 제거해 둔다.
2. 1의 밤과 단호박에 아가베 시럽과 약간의 물을 넣고 곱게 갈아준 다음 냉장고에서 차갑게 식힌다.
3. 생크림은 차갑게 하여 부드럽게 휘핑한다.
4. 차갑게 식힌 밤과 단호박에 휘핑한 생크림을 절반 정도 섞는다.
5. 용기에 4의 밤과 단호박, 생크림 순으로 켜켜이 쌓아준다.
6. 카스텔라 가루와 코코아 가루를 뿌려 마무리한다.

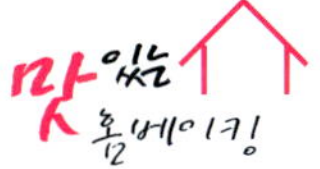

국내산 단호박이 제철일 때라면 그 자체만으로도 당도가 높기 때문에 꿀은 과감히 생략하고 생크림만 넣어 만들어도 된다.

# 고구마 쿠키

그냥 삶은 고구마를 더 먹기 좋게 살짝 변형한 것이라고 생각하면 된다. 삶은 고구마
는 금방 상해버릴 수 있는데 이렇게 만들어 놓으면 좀 더 오래, 좀 더 맛있게 먹일 수
있다. 이제 막 간식을 먹기 시작하는 유아들에게도 좋은 메뉴이다. 동글동글 조그맣
게 빚어 아이들이 직접 집어 먹게 하면 손가락 운동에도 도움이 된다.

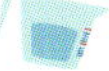

### 재 료

고구마 150g, 설탕 30g, 버터 15g, 달걀 노른자 2개, 생크림 1큰술,
검은깨 약간

### 굽 기

190℃, 15분

### 만들기

1. 고구마는 깨끗이 씻어 삶은 후 껍질을 제거하고 으깨준
   다. 으깬 고구마를 체에 한번 내려 준비한다.

2. 부드럽게 으깬 고구마에 버터와 설탕, 생크림을 넣고
   섞어준다.

3. 2에 검은깨를 넣고 손으로 살짝 치댄 후 조금씩 떼어
   동글동글하게 빚어 놓는다.

4. 표면에 달걀 노른자를 칠하고 오븐에서 구워낸다.

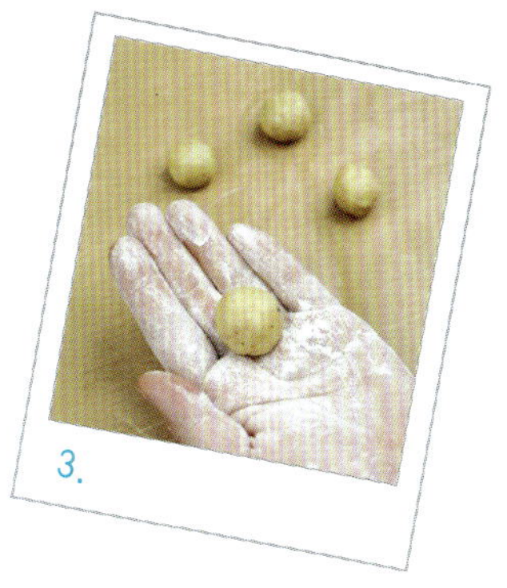
3.

---

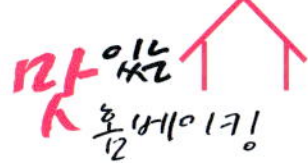

## 고구마 라떼

**재 료** 삶은 고구마 200g, 우유 300mL, 소금 약간, 아가베 시럽 또는 꿀 적당량

**만들기** 1. 고구마는 푹 삶아 껍질을 제거하고 으깨 놓는다.

2. 믹서에 으깬 고구마와 우유, 소금을 넣고 곱게 갈아준다.

3. 아가베 시럽이나 꿀로 취향에 따라 당도를 조절하며 중불에서 따뜻하게 데워준다.

---

우유 대신 두유를 넣으면 훨씬 고소한 맛을 즐길 수 있다. 기호에 따라 초콜릿을 녹여 넣거나 녹
차 가루를 넣어도 되고, 시나몬 가루를 뿌려 마셔도 된다.

# 생크림 치즈 쿠키

설탕이 들어가지 않아도 생크림과 치즈의 고소하고 부드러운 맛 때문에 충분히 맛있는 쿠키를 즐길 수 있다. 담백한 맛 때문에 그냥 먹어도 질리지 않는 생크림 치즈 쿠키는 카나페로 응용하기 가장 좋은 쿠키이다. 쿠키 위에 슬라이스 치즈를 얹고 색색의 과일을 예쁘게 잘라 올린다면 아이에게 입뿐만 아니라 눈까지 즐거운 간식 시간을 선사할 수 있을 것이다.

 ### 재 료

박력분 140g, 베이킹 파우더 2g, 버터 30g, 슬라이스 치즈 50g,
생크림 50g, 달걀 10g, 소금 1g

 ### 굽 기

190℃, 15분

 ### 만들기

1. 실온에서 말랑해진 버터에 생크림과 슬라이스 치즈, 소금을 넣고 가볍게 젓는다.

2. 1에 달걀을 넣고 골고루 섞다가 박력분과 베이킹 파우더를 체에 쳐서 넣는다.

3. 주걱으로 날가루가 보이지 않을 정도로 섞는다.

4. 한 덩어리로 뭉친 후 밀대로 균일하게 밀어 커터기로 모양을 찍은 후 이쑤시개로 군데군데 구멍을 내준 다음 오븐에 굽는다.

2.

3.

##  우리아이 안심하고 먹이기

　치즈는 대표적인 발효식품 중의 하나로 단백질과 미네랄이 풍부하고 칼슘, 비타민 A, 비타민 B 등의 함량이 높아 훌륭한 영양 공급원 중의 하나로 평가받고 있다. 치즈에 함유되어 있는 칼슘은 치아를 강화시켜 주고 카제인 성분은 구강 건강은 물론 치아의 불소 성분을 강화시켜 주는 효능이 있다.

　치즈는 온도가 높은 곳에서는 곰팡이가 생기기 쉬우므로 1~3℃ 내외의 냉장실에서 보관하는 것이 가장 좋다. 피자 치즈 같은 자연 치즈는 냉동 보관도 가능한데 먹기 한두 시간 전쯤 꺼내 두도록 한다. 하지만 너무 자주 얼렸다 녹였다를 반복하면 맛이 손상될 수 있으므로 한 번 개봉한 치즈는 가급적 빨리 먹도록 한다.

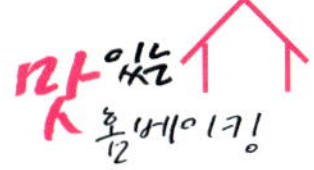

생크림 치즈 쿠키에 사용하는 치즈는 일반 슬라이스 치즈보다 염분과 다른 첨가물의 함량이 적은 어린이용 치즈를 사용하는 것이 더 좋다.

# 단호박 파운드 케이크

단호박은 베이킹에서도 다양하게 활용 가능한데, 보통은 익힌 단호박을 으깨 넣는다.
단호박 파운드 케이크는 겉에서 보기엔 일반 파운드 케이크처럼 보이지만 반을 잘라
보면 크게 잘라 넣은 단호박이 그대로 보이는 케이크이다. 아이들이 단호박 껍질의
초록색을 꺼린다면 껍질을 벗겨 사용하도록 한다.

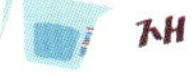
### 재 료

박력분 120g, 베이킹 파우더 2g, 버터 110g, 설탕 80g, 소금 1g,
달걀 2개, 우유 20g, 찐 단호박 120g

### 굽 기

180℃, 30분

### 만들기

1. 단호박은 깨끗이 씻어 씨를 제거하고 찜통에서 쪄낸다.

2. 실온에서 말랑해진 버터에 설탕과 소금을 넣고 녹을 때까지 저어준다.

3. 2에 달걀 노른자 먼저 넣고, 흰자는 3~4번 나누어 넣으면서 골고루 섞는다.

4. 3에 박력분과 베이킹 파우더를 체에 쳐서 넣고 섞다가 우유를 넣고 반죽한다.

5. 반죽에 찐 단호박을 원하는 크기로 썰어 넣는다.

6. 케이크 틀에 70~80% 정도 붓고 중간에 칼집을 한 번 낸 후 오븐에 굽는다.

### 단호박 맛있게 먹기

오븐이나 전자레인지에서 익히는 것이 단호박의 단맛을 가장 잘 보존하는 방법이다. 전자레인지에서 익힐 때는 랩을 씌워 군데군데 구멍을 내 준 다음 10분 정도 익히면 된다. 찜통에서 찔 때는 깨끗이 씻은 후 속을 긁어내고 먹기 좋은 크기로 잘라 찌는데 젓가락으로 찔러 보았을 때 잘 들어가면 다 익은 것이다. 보통 껍질을 벗겨 먹지만 껍질에 식이섬유가 많이 포함되어 있어 가급적 껍질째로 먹는 것이 좋다.

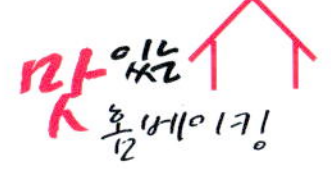

사용한 단호박이 충분히 달거나 단맛을 그리 즐기지 않는 사람이라면 설탕의 양을 조절한다.

# 파이 & 쿠키

호기심이 왕성한 아이들은 엄마가 무언가 하고 있으면 '엄마 나도~ 나도~'를 외치면서 자기도 같이 하려고 한다. 그럴 때 못하게 하는 것보다 위험하지 않는 범위 내에서 최대한 아이를 많이 참여시키는 것이 편식을 줄일 수 있는 가장 좋은 방법인 동시에 성취감과 창의력을 높여줄 수 있는 방법이기도 하다. 특히 베이킹은 다른 요리 분야보다 아이와 함께 할 수 있는 부분이 많다. 쿠키를 만들고 굽는 동안 아이와 이런저런 얘기도 나눌 수 있어 자연스러운 대화를 통해 아이와 좀 더 가까워지길 원하는 엄마라면 꼭 권하고 싶다.

# 담백한 슈거 파이

시중에서 다른 이름으로 팔고 있는 과자이며, 바삭하고 달달한 맛으로 꽤 오랫동안 인기 있는 과자 중의 하나이다. 만드는 방법이 그리 까다롭지 않아 아이들과도 함께 할 수 있다. 아이와 처음 베이킹을 한다면 시중에서 판매되고 있는 과자를 만들어 보는 것도 좋다. 과자는 사먹을 수도 있지만 엄마와 함께 직접 만들어 먹는 것이 건강에도 더 좋다라는 인식을 심어줄 수 있다.

 **재 료**

박력분 300g, 슈거 파우더 20g, 찬물 100g, 찬 버터 250g,
소금 4g, 설탕 적당량

 **굽기**

190℃, 20분

 **만들기**

1. 소금은 물에 녹여 놓고, 박력분과 슈거 파우더는
   체에 쳐서 준비한다.

2. 체에 친 가루에 버터를 넣고 다지다가 소금물을
   넣고 날가루가 안 보일 정도까지만 섞어준다.

3. 반죽을 넓게 펴서 냉장실에서 30분 가량 휴지시
   킨다.

4. 3의 반죽에 덧가루를 발라가며 3겹으로 접기를
   2~3회 한 후 원하는 두께로 밀어 놓는다.

5. 원하는 크기의 틀로 찍어낸 다음 설탕을 찍는
   다.(설탕은 취향에 따라 찍지 않아도 무방하다. 윗
   면만 찍어도 되고 더 달콤하길 원하면 뒷면까지 찍
   어도 된다.)

6. 이쑤시개로 중간중간 구멍을 내준 다음 오븐에 굽
   는다.

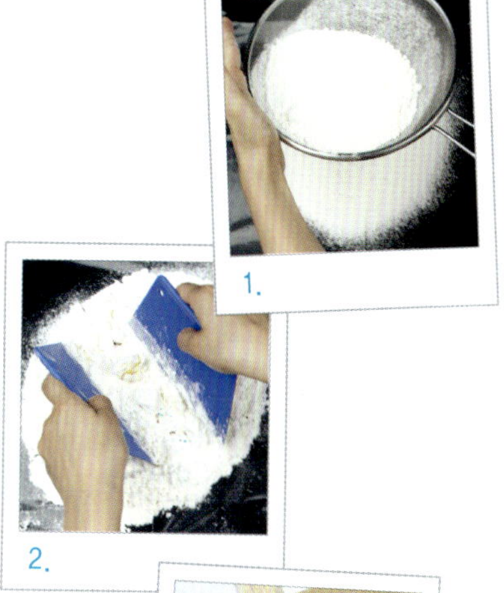

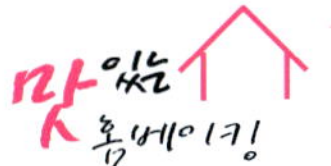

**덧가루**

반죽이 손이나 작업대에 눌러 붙지 않도록 하기 위해 사용하는 것으로 뭉치지 않고 골고루 퍼트리
기 위해 강력분을 사용한다. 가루가 표면에 남아 있으면 반죽이 잘 안될 수도 있고 쿠키를 구웠을
때 밀가루 맛이 날 수도 있으므로 가급적 적은 양을 사용하도록 한다.

# 소프트 초코칩 쿠키

떼쓰고 우는 아이 달래기에 초콜릿만한 특효약도 드물다.
아이에게 초콜릿을 직접 주기 부담스러울 때 권하는 쿠키
이다. 쿠키의 모양은 다 똑같은 모양보다 여러 가지 모양으
로 만들어 보라고 권하고 싶다. 아이들은 만드는 쿠키 양
만큼 쿠키의 모양을 다양하게 만들어 낸다. 때문에 시간은
좀 오래 걸리더라도 아이들의 상상력을 펼칠 수 있어 좋은
자극이 된다. 또 쿠키 반죽을 이리저리 만지다보면 자연스
레 아이들의 소근육, 대근육 발달에도 도움이 된다.

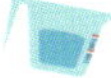 ## 재 료

박력분 160g, 코코아 20g, 베이킹 파우더 2g, 버터 110g, 설탕 70g,
달걀 1개, 초코칩 적당량

 ## 굽 기

190℃, 10~12분

 ## 만들기

1. 실온에서 말랑해진 버터에 설탕을 넣고 거품기로 젓는다.

2. 1에 달걀 노른자 먼저 넣고, 흰자는 2번 나누어 넣은 후 설탕이 녹을 때까지
   저어준다.

3. 2에 박력분과 코코아 가루, 베이킹 파우더를 체에 쳐서 넣고 골고루 섞는다.

4. 원하는 양만큼 초코칩을 넣고 섞어준다.

5. 원하는 크기로 빚어 팬에 올린 다음 오븐에 굽는다.

1.  2.  3.  4.  5.

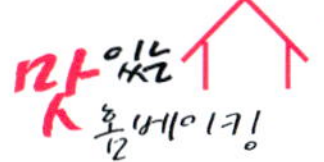

같은 이름의 쿠키라 할지라도 만드는 사람에 따라 크기나 모양이 조금씩 달라질 수 있으며 한 가
지 모양보다 여러 모양의 쿠키를 만들기도 한다. 하지만 팬에 올라가는 쿠키의 반죽 양은 비슷하
게 맞춰 줘야 한다. 그래야만 어떤 것은 덜 익고 어떤 것은 지나치게 익어 타는 것을 방지할 수 있
다. 반죽 양을 일정하게 맞추기가 어렵다면 저울을 이용해 본다.

# 계란 과자

이제 막 과자를 먹기 시작하는 영유아들에게 권하고 싶은 쿠키이다. 워낙 오래 전부터
유명한 과자이다 보니 만드는 방법 또한 다양하게 나와 있다. 어떤 레시피에는 달걀
비린 맛과 좋은 향을 위해서 바닐라 에센스의 사용을 권하기도 하는데, 아이들 간식이
라면 굳이 향료 사용을 권하고 싶지 않다.

 **재 료**

박력분 100g, 버터 90g, 슈거 파우더 80g, 옥수수 가루 10g,
달걀 1+1/2개

**굽기**

190℃, 10~15분

 **만들기**

1. 버터는 미리 꺼내두어 부드러운 상태로 만들어 준비한다.

2. 부드러운 버터에 슈거 파우더를 넣고 거품기로 저어준
   다. 일반 설탕과 달리 슈거 파우더 입자는 고우므로 많이
   저을 필요는 없다.

3. 2에 달걀 노른자부터 넣고 젓다가, 흰자를 2~3번 나누
   어 넣으면서 젓는다.

4. 3에 옥수수 가루와 박력분을 체에 쳐서 넣고 날가루가
   안 보일 정도로만 주걱으로 자르듯이 섞어준다.

5. 원형 깍지를 끼운 짤주머니에 4의 반죽을 넣는다.

6. 반죽이 익으면서 퍼져 서로 붙을 수 있으므로 적당한 간
   격을 두고 짠 다음 오븐에 굽는다.

2.

4.

6.

 **우리아이 안심하고 먹이기**

　　**신선한** 달걀은 깨트렸을 때 노른자의 높이가 높고 탄력이 있으며 흰자의 두께가 두껍고 투명하면서 점도
가 좋다. 껍질은 전체 결이 곱고 매끈하면서 광택이 나는 것을 선택한다. 달걀은 항상 냉장고에서 보관하는 것
이 좋으며 껍질에 열려 있는 수많은 기공으로 호흡하므로 냄새가 심한 식품과 함께 두지 않아야 한다. 또 뾰족
한 곳을 아래로 향하도록 하는 것이 세균 노출의 위험이 적다.

# 버터링 쿠키

시중에서 오래 전부터 판매되고 있는 쿠키로, 남녀노소 인기 있
는 쿠키이다. 어른들에게 모양을 짜라고 하면 판매되고 있는 모
양 그대로 하거나 시범 모양만 보고 따라하는데, 아이에게 짤주
머니를 쥐어주고 원하는 모양으로 짜게 해보면, 숫자, 알파벳,
한글… 등등 아이의 개성에 따라 다양한 모양의 쿠키에 깜짝 놀
라게 될 것이다.

### 재 료

박력분 200g, 설탕 90g, 달걀 1개, 버터 140g, 소금 2g

### 굽기

190℃, 10 ~ 15분

### 만들기

1. 버터는 미리 꺼내두어 충분히 부드러운 상태로 만든다. 버터가 덜 부드러워졌다면 비닐 장갑을 끼고 주물러 부드러운 상태로 만들어준다.

2. 부드러운 버터에 설탕과 소금을 넣고 설탕이 반 이상 녹을 정도로 저어준다.

3. 2에 달걀 노른자부터 넣고, 흰자는 2번에 나누어 넣으면서 설탕이 녹을 때까지 젓는다.

4. 3에 박력분을 체에 쳐서 넣고 주걱으로 날가루가 보이지 않을 정도로만 살짝 섞어준다.

5. 별모양 깍지를 끼운 짤주머니에 4의 반죽을 넣는다.

6. 팬에 원하는 모양으로 예쁘게 짜준 다음 오븐에 굽는다.

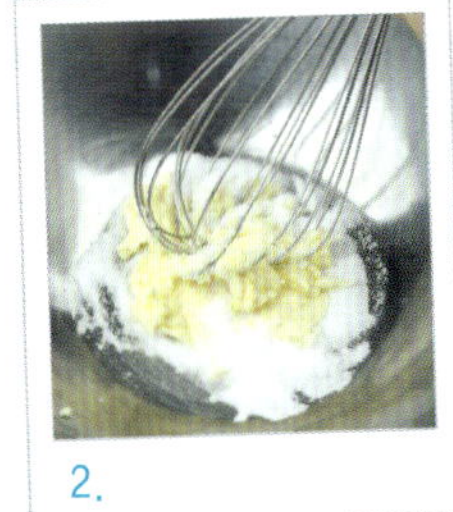

2.

3.

4.

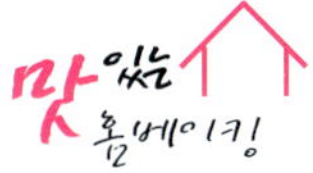

쿠키의 경우 핸드 믹서보다는 조금 힘들더라도 거품기를 이용하여 저어주는 것이 좋다. 핸드 믹서로 반죽한 쿠키와 거품기로 반죽한 쿠키는 맛에서 확연한 차이가 난다.

# 모자이크 쿠키

이름은 모자이크 쿠키지만 꼭 그대로
하지 않아도 된다. 반을 잘라서 블랙 앤
화이트로 해도 되고, 화이트와 블랙 따
로 따로 구워도 된다. 아직 어린 유아들
에게는 화이트 반죽만 해서 모양을 잡
아주는 것이 더 좋다. 아이가 오기 전
미리 반죽을 해놓고 아이가 오면 같이
모양을 잡고 냉동시켰다 잘라 구우면
된다. 간식 먹는 시간은 조금 걸리더라
도 자신이 직접 만든 쿠키라 더욱 맛있
게 먹을 것이다.

## 재료

**화이트** 박력분 200g, 베이킹 파우더 1g, 버터 120g, 달걀 노른자 1개,
슈거 파우더 90g

**블 랙** 박력분 200g, 베이킹 파우더 1g, 버터 120g, 달걀 흰자 1개, 슈거 파우더 90g,
코코아 가루 10g, 여분의 흰자 소량

## 만들기

### • 화이트

1. 말랑한 버터에 슈거 파우더를 넣고 거품기로 젓다가 달걀 노른자를 넣고 섞는다.

2. 박력분과 베이킹 파우더를 체에 쳐서 넣고 주걱으로 잘 섞어준다.

3. 한 덩어리로 뭉쳐 긴 직사각형으로 만들어 20분 동안 냉동시킨다.

4. 적당한 굵기로 자른다.

### • 블랙

5. 말랑한 버터에 슈거 파우더를 넣고 젓다가 거품기로 달걀 흰자를 넣고 섞는다.

6. 박력분과 베이킹 파우더, 코코아 가루를 체에 쳐서 넣고 주걱으로 잘 섞어준다.

7. 한 덩어리로 뭉쳐 긴 직사각형으로 만들어 20분 동안 냉동시킨다.

8. 적당한 굵기로 자른다.

9. 흰색과 검은색 반죽 한쪽 면에 여분의 달걀 흰자를 발라 색깔별로 교차해서 붙인다.

10. 냉동실에서 30분간 냉동한 후 꺼내어 적당한 크기로 썰어 굽는다.

2.

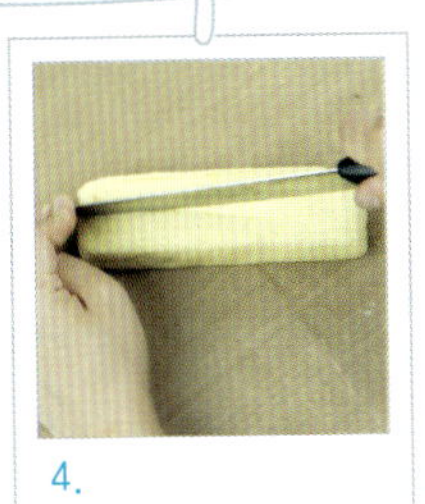

4.

6.

8.

9.

맛있는 홈베이킹

냉동실에서 냉동 후 굽는 쿠키의 경우 딱딱하게 반죽이 굳은 상태에서 잘라 굽기 때문에 다른 재료를 올릴 때 흰자를 바르지만 너무 많이 바르면 밀려서 모양이 흐트러지므로 조금만 바른다.

# 마가렛트

제법 긴 역사를 자랑하는 오래된 과자로 한 봉지에 두 개밖에 들어있지 않은 것이 아쉬울 만큼 좋아했던 과자이다. 아몬드 가루를 넣어 촉촉함을 더한 쿠키인데, 집에 아몬드 가루가 없다면 아몬드를 직접 갈아 사용해도 좋다. 꼭 아몬드가 아니라도 집에 있는 다른 견과류를 갈아 넣어도 되는데 견과류를 싫어하는 아이들에게 견과류를 맛있게 먹일 수 있는 좋은 방법 중의 하나이다. 또 하나, 전통의 마가렛트를 굽기 위해선 달걀 노른자는 꼼꼼하게 칠하고 빗살 무늬 정도는 표현해 주는 센스를 발휘하길 바란다.

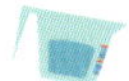 **재 료**

박력분 50g, 베이킹 파우더 1g, 아몬드 가루 70g, 버터 60g,
설탕 60g, 달걀 1/2개

 **만들기**

1. 실온에 두어 말랑해진 버터에 설탕을 넣고 설탕이 녹을
   때까지 잘 저어준다.

2. 1에 달걀을 넣고 섞다가 박력분과 베이킹 파우더, 아몬드
   가루를 체에 쳐서 넣어 섞는다.

3. 주걱으로 날가루가 보이지 않게 섞은 다음 한 덩어리로
   뭉쳐둔다.

4. 일정한 크기로 조금씩 떼어 동글려 납작하게 만든다.

5. 4의 표면에 달걀 노른자를 바른 후 빗금을 그어 모양을
   만든다.

1.

2.

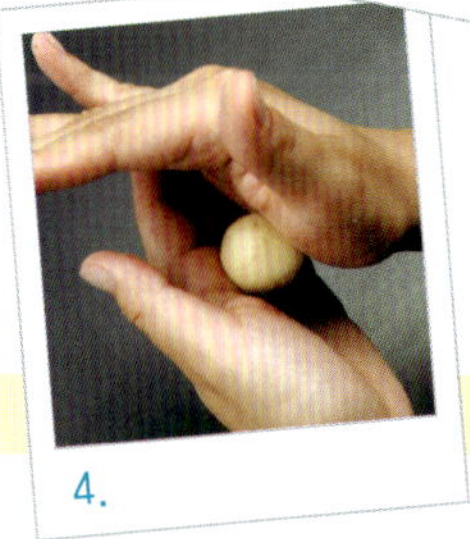
4.

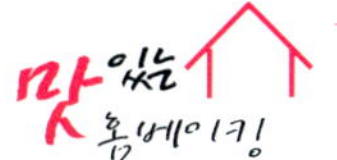 **요거트 쉐이크**

**재 료** 플레인 요거트 85g, 우유 1컵, 레몬즙 1큰술, 꿀 3큰술, 얼음 적당량

**만들기** 1. 믹서에 플레인 요거트, 우유, 레몬즙, 꿀을 넣고 살짝 섞어준다.

2. 1에 원하는 만큼의 얼음을 넣고 얼음 알갱이가 많이 안 씹히도록 충분히 갈아준다.

**맛있는 홈베이킹**

시판되고 있는 쿠키라고 해도 집에서 만들 때는 쿠키 만드는 방법도 맛도 조금씩 달라지게 마련이
다. 이 마가렛트 쿠키도 마찬가지인데 워낙 대중적인 쿠키이다 보니 만드는 방법이 꽤 많이 나와
있다. 취향에 따라 입에 맞는 방법을 선택하면 되는데 겉은 바삭하고 안은 촉촉하게 할 수도 있고
그 중간 정도로 포슬포슬하게 할 수도 있다. 견과류 외에 콩가루를 섞어도 고소한 쿠키를 구울 수
있으며 반죽을 동글려 속에 다크 초콜릿을 넣어 구워도 맛있는 쿠키가 된다.

# 머랭 과자

이 쿠키는 사람들을 두 번 놀라게 만드는 쿠키이다. 첫째, 근사한 이름에 비해 필요한 재료도 간단하고 만드는 방법도 간단해서 놀라고. 둘째, 먹어보면 '어? 이거 생각보다 맛있네~' 하며 놀란다. 부드러운 거품을 만들기 위해 흰자를 젓는 것이 좀 팔이 아프긴 하지만 흰자를 저을수록 부드러운 거품이 되는 과정을 보면 아이들은 매우 신기해 한다.

## 재 료

달걀 흰자 125g, 설탕 200g, 피스타치오 100g, 호두 100g

## 굽 기

150℃ 30분

## 만들기

1. 달걀 흰자에 설탕을 붓고 거품기로 저어 머랭을 만든다. 거품기를 들어 올렸을 때 고깔 모양의 뿔이 생기면 머랭이 완성된 것이다. 이때 이쪽 저쪽으로 젓지 말고 반드시 한쪽 방향으로 젓도록 한다.

2. 1의 머랭에 호두와 피스타치오를 넣고 섞는다. 너무 오래 섞으면 머랭이 꺼질 수 있으므로 가볍게 빨리 섞어주는 것이 좋다.

3. 짤주머니에 깍지는 끼우지 않고 호두와 피스타치오를 섞은 머랭을 담는다. 반죽을 짤주머니에 담을 때는 짤주머니를 반 정도 접어서 아래쪽을 잡고 위쪽을 벌려 넣으면 된다.

4. 팬에 적당한 간격을 두고 짠 다음 오븐에 굽는다.

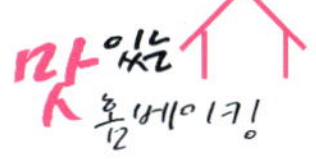

흰자에 설탕을 섞어 거품을 올린 것을 머랭이라고 한다. 머랭은 소량의 유지라도 있으면 제대로 만들 수 없기 때문에 몇 가지 주의해야 할 점이 있다.
첫째, 소량이라도 달걀 노른자가 들어가서는 안 된다. 달걀 노른자에는 인지질 성분의 레시틴이 함유되어 있어 노른자가 조금이라도 들어갈 경우 머랭을 만들 수 없다.
둘째, 거품기에 묻어있는 소량의 기름기라도 머랭을 만드는 데 방해 요소가 될 수 있다. 때문에 거품기는 깨끗이 씻어 말려 사용해야 한다.
셋째, 생크림 휘핑과는 달리 머랭은 상온에서 휘핑성이 더 좋으므로 달걀 흰자는 미리 꺼내 놓도록 한다.

# 크림치즈 샌드 쿠키

샌드 쿠키이긴 하지만 만들기가 그리 까다롭지 않다. 반죽을 하고 쿠키를 굽는 과정은 엄마가 주
도적으로 하더라도 크림치즈를 짜고 쿠키를 올리는 일은 아이에게 전적으로 맡겨 보자. 치즈가
삐져나오면 어떤가. 아이가 즐거워하고 맛있게 먹어준다면 좋은 일이 아닐까? 사용하는 크림치즈
는 그 자체만으로도 충분히 맛있지만 크림치즈에 슈거 파우더를 넣어 섞으면 그 맛이 배가 된다.
쿠키에 크림치즈를 바르기 전에 아이 입으로 다 들어가 있을지도 모른다.

 ### 재 료

**쿠키** 박력분 100g, 설탕 50g, 버터 60g, 달걀 1/2개, 코코아 가루 10g
**크림** 크림치즈 100g, 슈거 파우더 50g

 ### 굽기

190℃, 8~10분

### 만들기

**• 쿠키**

1. 말랑한 버터에 설탕을 넣고 젓다가 달걀을 넣고 설탕이 녹을 때까지 저어준다.

2. 1에 박력분과 코코아 가루를 체에 쳐서 넣고 골고루 섞는다.

3. 원형 깍지를 끼운 짤주머니에 2의 반죽을 넣고 팬에 일정한 크기로 짜준다.

4. 오븐에서 구워낸 후 한 김 식힌다.

**• 크림**

5. 크림치즈에 슈거 파우더를 넣어 충분히 주물러 부드럽게 만들어 둔다.

6. 4의 쿠키 한쪽 면에 5의 크림치즈를 바르고 다른 쿠키를 올려 샌드를 만든다.

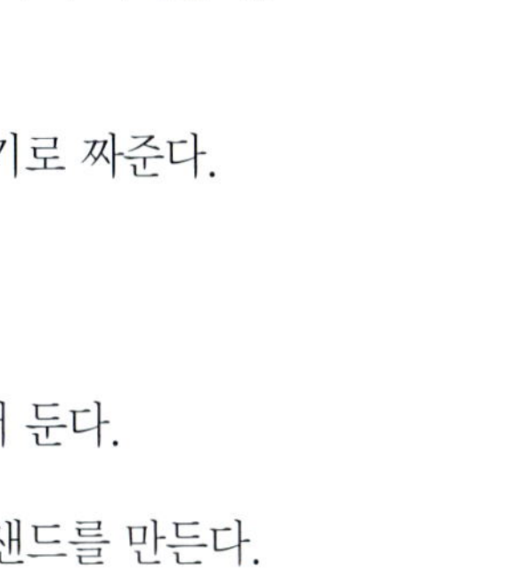

## 만들어 먹어요  엄마표 치즈 만들기

시판 치즈의 느끼함을 줄인 담백한 치즈를 만들어 보자. 다양한 치즈 종류 중에서 제일 간단한 치즈이다. 코티지 치즈라고 불리는 치즈로 지방 함유율이 낮으며 담백한 맛의 치즈이다. 적당히 물기를 빼면 빵에 발라먹기 좋은 크림치즈 형태가 되고 물기를 다 빼면 샐러드나 샌드위치에 넣어 먹기 좋은 치즈가 된다.

**재 료**  우유 1,000mL, 소금 약간, 레몬 1/2개

**만들기**
1. 깊이가 있는 냄비에 우유를 넣고 약한 불에서 우유를 데운다.
2. 중간 중간 우유를 저어 온도를 일정하게 유지시켜 준다.
3. 거품이 생기기 시작하면 소금을 넣는데 소금의 양은 기호에 따라 조절한다.
4. 레몬즙을 짜서 넣고 주걱으로 살살 저어준다.
5. 순두부 같은 덩어리가 생기면서 끓으려고 할 때 불을 끄고 5분 정도 그대로 둔다.
6. 물과 덩어리가 분리되는 것이 보이면 체에 면 보자기를 깔고 5를 붓고 그대로 물기를 빼거나 손으로 짜주면 된다.

# 베베 쿠키

아이와 함께 만드는 쿠키라면 맛도 맛이지만 만드는 방법 또한
간편해야 한다. 그래야 아이들이 끝까지 흥미를 잃지 않고 완성
해 나갈 수 있기 때문이다. 그런 면에서 본다면 베베 쿠키만큼
훌륭한 메뉴는 없다. 재료도 과정도 간단한 쿠키지만 그 맛도 부
드럽고 담백하여 누구나 좋아할 만한 맛이다. 달걀에 대한 알레
르기가 없다면 아이의 첫 과자로 손색이 없다.

 ### 재 료

박력분 140g, 설탕 60g, 달걀 1개, 오일 40g

 ### 굽 기

190℃, 10 ~ 15분

 ### 만들기

1. 볼에 오일, 달걀, 설탕을 한 번에 넣고 설탕이 녹을 때
   까지 거품기로 충분히 젓는다.

2. 1에 박력분을 체에 쳐서 넣고 털듯이 섞어준다.

3. 원형 깍지를 끼운 짤주머니에 2의 반죽을 넣고 팬에 아이가 쥐고 먹고 싶도록
   길쭉한 모양으로 짠 다음 오븐에 굽는다.

 1.

 2.

 3.

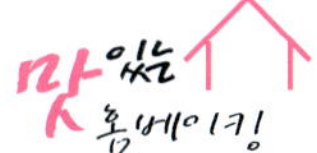

**쿠키, 오랫동안 맛있게 먹기**

만들어둔 쿠키가 눅눅해졌을 때는 전자레인지에서 20초 정도 돌리면 수분이 날아가 다시 바삭해
진다. 쿠키를 바삭하게 오랫동안 보관하고 싶으면 쿠키를 넣어두는 통에 각설탕이나 포장된 조미
김에 든 방습제를 같이 넣어두면 된다.

# 피스타치오 땅콩 쿠키

여자도 화장을 어떻게 하느냐에 따라 달라지듯이 쿠키도 마찬가지이다. 어떻게 꾸미느냐에 따라 그냥 쿠키가 되기도 고급 수제 쿠키처럼 보이기도 한다. 일반 땅콩 쿠키에 피스타치오 하나만 올려도 제법 그럴싸해진다. 아이가 누군가에게 선물할 일이 있을 때 함께 만들어 선물하면 상대방이 즐거워 할 것이다. 깍지의 모양에 따라 쿠키의 형태가 달라지는데 다양한 깍지로 모양을 만들게 하면 훨씬 재미있어 할 것이다.

## 재 료

박력분 130g, 베이킹 파우더 3g, 버터 90g, 피넛 버터 100g,
설탕 100g, 달걀 1/2개, 피스타치오 적당량

## 굽기

190℃, 10~15분

## 만들기

1. 버터는 미리 꺼내두어 부드러운 상태로 준비한다. 피넛 버터 역시 미리 꺼내두어 부드러워야 반죽하기 힘들지 않다.

2. 볼에 버터와 피넛 버터를 같이 넣고 설탕을 넣은 후 거품기로 충분히 저어 설탕을 녹여준다.

3. 2에 달걀을 넣고 젓다가 박력분과 베이킹 파우더를 체에 쳐서 넣고, 날가루가 보이지 않도록 고루 섞는다.

4. 짤주머니에 깍지를 끼운 후 반죽을 넣는다. 짤주머니에 넣는 반죽의 양이 많으면 짜면서 위로 나올 수 있으니 적당량만 넣는 것이 좋다.

5. 팬에 일정한 크기로 짜고 피스타치오를 올려 장식한 다음 오븐에 굽는다.


### 만들어 먹어요   엄마표 땅콩 버터

재 료   땅콩 5컵, 포도씨 오일 4큰술, 소금 1작은술

만들기
1. 땅콩은 껍질을 벗기고 약간 갈색이 날 때까지 볶아놓는다.
2. 1의 볶은 땅콩을 기름이 나올 때까지 분쇄기에 간다.
3. 2에 포도씨 오일을 조금씩 넣어가며 한 번 더 갈아준다.
4. 소금을 넣고 간을 맞춘다.

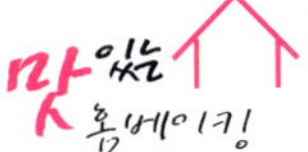

올리브오일 같은 향이 강한 오일을 넣으면 땅콩의 고소한 향을 해칠 수 있으므로 피한다.

# 샤브레 오 망디아

솔직히 아이들과 함께 만들기에는 손이 많이 가는 번거로운 쿠키이다. 하지만 고생한만큼 예쁜 쿠키로 아껴두고 먹게 되는 쿠키이다. 아이가 좋아하는 선생님이나 친구의 생일날 엄마와 함께 만들어 선물하기에 좋다. 정성도 많이 들어가고 모양도 예뻐서 받는 이들이 감동을 받을 것이다. 그 모습을 본 아이는 엄마에 대한 고마운 마음을 오랫동안 잊지 못할 것이다.

 **재 료**

**쿠키**  버터 75g, 설탕 40g, 달걀 노른자 1개, 박력분 100g, 코코넛 분말 40g
**크림**  버터 40g, 슈거 파우더 40g, 달걀 흰자 1개, 아몬드 분말 50g,
　　　　장식용 피스타치오 · 통아몬드 · 건포도 적당량

 **굽기**

190℃, 10～15분

**만들기**

**• 쿠키**

1. 실온에 두어 말랑해진 버터에 설탕을 넣고 거품기로 젓다가 달걀 노른자를 넣고 섞는다.

2. 1에 박력분과 코코넛 분말을 체에 쳐서 넣고 섞어준다.

3. 2의 반죽을 한 덩어리로 뭉쳐 균일한 두께로 민 다음 쿠키 커터로 찍어낸다.

**• 크림**

4. 말랑한 버터에 슈거 파우더를 넣고 거품기로 젓다가 달걀 흰자를 넣고 고루 섞어준다.

5. 4에 아몬드 분말을 넣고 저어 크림을 완성한다.

6. 3의 쿠키에 5의 크림을 바르고 그 위에 피스타치오, 통아몬드, 건포도 등으로 장식한다.

7. 팬에 올려 오븐에 굽는다.

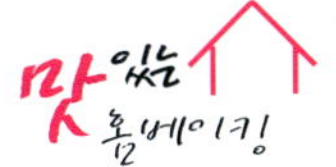
커터로 찍어낼 때 쿠키의 반죽이 질어 갈라지고 찢어지면서 모양이 잘 안나올 때가 있다. 그럴 때는 반죽을 한 덩어리로 뭉친 후 덧가루를 적당히 뿌리고 손으로 몇 번 주물러 준다. 적당한 반죽 되기가 되면 덧가루를 조금 뿌려가며 밀어 커터로 찍어낸다.

# 피넛 버터 초코칩 쿠키

땅콩은 어른들이, 초콜릿은 아이들이 선호하는 재료로 가족 모두를 만족시킬 수 있는 쿠키이다. 초콜릿 때문에 너무 달지 않을까 하는 걱정은 접어 두어도 된다. 생각보다 달지 않으면서 고소한 맛이 일품인 쿠키이다.

 **재 료**

박력분 200g, 베이킹 파우더 4g, 버터 100g, 피넛 버터 100g, 설탕 150g, 달걀 2개, 물엿 30g, 초코칩 150g, 땅콩 50g

 **굽 기**

190℃, 15분

## 만들기

1. 분량의 피넛버터, 버터, 설탕, 물엿을 볼에 함께 넣고 섞는다.

2. 1에 달걀 노른자부터 넣고, 흰자는 2~3번 나누어 분리가 되지 않도록 거품기로 젓는다.

3. 2에 박력분과 베이킹 파우더를 체에 쳐서 넣고 골고루 섞어준다.

4. 3에 초코칩과 잘게 부순 땅콩을 넣고 섞는다.

5. 팬에 숟가락으로 반죽을 일정한 크기로 떠 놓은 다음 초코칩과 땅콩 다진 것을 뿌려 장식한 후 오븐에 굽는다.

2.

3.

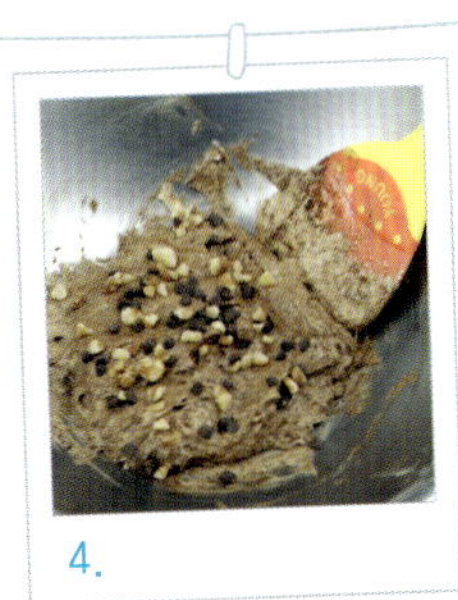
4.

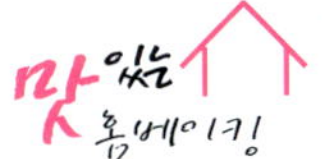
설탕은 기호에 따라 조절 가능하며 물엿 또한 요리당이나 꿀로 대체 가능하다.

우리 아이
# 파티상 차려주기

**한동안** 아이들의 생일파티는 패밀리 레스토랑이나 패스트푸드점 등 아이들이 선호하는 외식업체에서 치르는 것을 당연시 여겼었다. 그때는 돈이 들었을 뿐 엄마들 자신은 편할 수 있었는데 요즘은 집에서 직접 베이킹을 하는 엄마들이 늘어나면서 아이들 생일날 케이크나 쿠키를 만들어 주는 것이 유행이 되고 있다. 정성 가득한 친구의 선물을 받는 아이는 집에 돌아와서 "엄마도 해주세요." 하고 조르는 일이 많아졌다고 한다. 나에게도 조심스레 찾아와서 "제가 만든 것처럼 주문될까요?", "지금 배워도 아이 생일날 쿠키를 만들어 줄 수 있을까요?", "케이크를 직접 만들어 주고 싶은데 가능할까요?" 하고 물으시곤 한다.

# 과일 타르트

생크림 케이크를 그다지 즐기지 않는 사람이라면
과일 타르트를 권하고 싶다. 선물로도 훌륭하지만
집에서 케이크 만들기가 부담스러울 때 적극 추천
하는 메뉴이다.

 **재 료**

**파이**  버터 80g, 슈거 파우더 80g, 달걀 노른자 1개, 물 20g, 박력분 150g
**크림**  박력분 10g, 아몬드 분말 60g, 버터 50g, 슈거 파우더 50g, 달걀 1개

## 굽기

180℃, 30분

## 만들기

### • 파이

1. 실온에 두어 말랑해진 버터를 부드럽게 한 다음 슈거 파우더를 넣고 거품기로 저어준다.

2. 1에 달걀 노른자를 넣어 섞는다.

3. 2에 곱게 체 친 박력분을 넣고 주걱으로 가볍게 섞다가 물을 넣어 날가루가 안 보이게 반죽한다.

4. 일정한 두께가 되도록 반죽을 밀어준다.

5. 파이 팬에 반죽을 덮은 후 남는 부분을 잘라내고 포크로 군데군데 찍어준다.

### • 크림

6. 말랑한 버터에 슈거 파우더를 넣고 거품기로 젓다가 달걀을 넣고 잘 섞어준다.

7. 6에 박력분과 아몬드 분말을 체에 쳐서 넣고 고루 섞어 크림을 완성한다.

8. 5의 파이 반죽 위에 7의 크림을 얹고 오븐에 굽는다.

9. 파이가 다 구워지면 한 김 식힌 후 생크림과 과일로 장식해 준다.

# 초코 크림 컵케이크

요즘 컵케이크가 유행인 만큼 형형색색의 다양한 크림이 올라간 컵케이크를 어렵지 않게 만날 수 있다. 한눈에 보아도 예쁘장한 것이 나도 모르게 손이 가지만 가끔 멈칫하게 된다. 크림을 만드는데 혹시나 몸에 그다지 좋지 않은 색소를 넣은 것은 아닌지 아이에게 안심하고 먹여도 되는지…. 시중에 파는 예쁘기만 한 크림의 컵케이크에 믿음이 안갔다면 맛있는 초코 크림을 직접 만들어 보자. 초코 커스터드 크림 정도로 생각하면 되는데 넉넉하게 만들어 다른 빵을 찍어 먹어도 맛있다.

 ## 재료

**머핀** 박력분 200g, 베이킹 파우더 5g, 버터 170g, 설탕 160g, 소금 2g,
　　　달걀 3개, 코코아 20g, 우유 60g

**장식용 크림** 우유 200g, 설탕 50g, 무가당 코코아 가루 20g, 전분 20g,
　　　　　다크 초콜릿 60g

## 굽기

180℃, 20분

## 만들기

### • 머핀

1. 실온에 두어 말랑해진 버터에 설탕과 소금을 넣고 거품
   기로 젓는다.

2. 1에 달걀 노른자부터 넣고 섞다가, 흰자는 3~4번 나누
   어 넣어준다.

3. 2에 우유와 체에 친 박력분, 베이킹파우더를 넣고 섞다
   가 코코아를 넣는다.

4. 머핀 틀에 70~80% 정도 반죽을 넣고 오븐에 구워낸다.

1.

### • 장식용 크림

5. 분량의 재료를 한꺼번에 넣고 중불에서 걸쭉해질 때까
   지 젓는다.

6. 걸쭉한 상태가 되면 냉장고에 넣어 차게 식힌다.

7. 짤주머니에 초코 크림을 넣어 4의 머핀 위에 예쁘게 짜
   준다.

2.

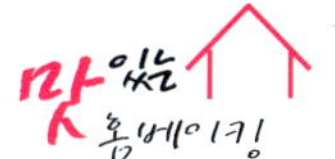

**컵케이크**

머핀 컵이나 컵케이크 틀에 반죽을 넣고 오븐에 구워낸 한입 크기의 케이크이다. 윗면에 생크림,
버터크림, 크림치즈, 머랭 등을 이용해 아이싱하고 과일, 설탕 절임, 견과류 등으로 토핑하여 완성
한다. 따로 컵케이크 반죽을 하지 않아도 일반 머핀에 아이싱만 신경 써 줘도 근사한 컵케이크를
만들 수 있다.

# 블루베리 시폰 케이크

본래 시폰 케이크는 특별한 마무리 장식을 하지 않고 데코 스노우를 뿌리거나 생크
림을 꼭꼭 찍는 것으로 마무리한다. 장식에 자신 없는 엄마라면 꼭 추천하는 생일
케이크 아이템이기도 하다. 다른 장식이 없기 때문에 심심할 수도 있지만 시폰 케이
크 특유의 부드러움을 느낄 수 있어 케이크를 덮고 있는 크림 맛이 질린다면 권하
고 싶은 케이크 중 하나이다.

 **재 료**

박력분 200g, 설탕 120g, 설탕 120g(두 개 따로 준비), 달걀 노른자
100g, 달걀 흰자 200g, 오일 80g, 우유 70g, 베이킹 파우더 6g,
블루베리 필링 100g

 **굽 기**

180℃, 30분

**만들기**

1. 볼에 계량한 우유, 오일, 설탕과 달걀 노른자를 넣고 주걱으로 섞이기만 하게
   살짝 저어준다.

2. 달걀 흰자는 실온에 미리 꺼내 두었다가 설탕을 넣어 머랭을 만든다.

3. 1에 2의 머랭을 1/3 정도 넣고 가볍게 섞는데 뭉쳐 있는 머랭이 없도록 바닥까
   지 잘 섞어 주어야 한다.

4. 3에 박력분과 베이킹 파우더 등 가루 재료를 체에 한 번 내려 넣고 살짝 섞다
   가 머랭 1/3을 넣고 섞어준다.

5. 남은 머랭을 마저 넣고 알뜰 주걱으로 섞다가 준비한 블루베리 필링을 넣고 고
   루 섞이도록 반죽한다.

6. 반죽이 넘치지 않도록 케이크 틀에 반죽을 50~60% 정도 붓고 오븐에 넣어 굽
   는다. 중간에 오븐 문을 열면 시폰이 가라앉을 수 있으므로 주의해야 한다.

7. 케이크가 다 구워지면 틀을 뒤집어 식혀야 가운데 부푼 부분이 주저앉지 않는
   다. 이때 젖은 행주를 번갈아 올려두면 좀 더 빨리 식힐 수 있다.

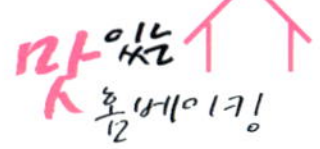

'비단'을 뜻하는 말에서 이름이 유래된 시폰 케이크는 오일과 달걀 재료를 많이 사용하여 부드럽
고 폭신한 질감이 특징인 케이크이다. 시폰 케이크만의 부드럽고 폭신한 질감을 얻기 위해선 달걀
거품을 잘 내야 하는데, 충분히 저어 공기가 잘 들어가도록 해야 하고 밀가루를 섞을 때에도 거품
이 가라앉지 않도록 단 시간 안에 끝내야 한다. 시폰 케이크처럼 달걀이 주재료인 케이크는 예열
을 충분히 한 다음에 반죽과 머랭 섞기를 시작해야 한다.

# 가토 쇼콜라

초코 케이크에도 여러 종류가 있지만 사실상 아이들이 가장 좋아하는 맛이 가토 쇼콜라이
다. 촉촉하면서도 초콜릿의 달콤하고 부드러운 맛이 잘 살아 있어 한번 손대게 되면 나도
모르게 끝까지 먹게 된다. 특별한 장식 없이 데코 스노우만 뿌려 주거나 생크림을 조금씩
짜 올리면 된다.

 **재 료**

생크림 70g, 버터 50g, 초콜릿 70g, 달걀 노른자 3개, 박력분 30g,
코코아 20g, 달걀 흰자 3개, 설탕 90g

**굽 기**

180℃, 30분

 **만들기**

1. 생크림과 초콜릿을 넣고 중탕으로 녹인다.

2. 1에 달걀 노른자와 설탕을 넣고 잘 섞어준다.

3. 달걀 흰자에 설탕을 넣어가며 저어 머랭을 만든다.

4. 2에 3의 머랭을 1/3 넣고 섞다가 박력분과 코코아를 체에 쳐서 넣어 섞어준다.

5. 머랭 1/3을 넣고 살짝 섞다가 남은 머랭을 마저 넣어 재빨리 고르게 섞는다.

6. 케이크 틀에 반죽을 부은 후 오븐에 굽는다.

### ■ 우리아이 안심하고 먹이기 ■

　**초콜릿은** 카카오 콩을 볶은 뒤 갈아서 만든 카카오 매스와 지방 성분으로만 만든 코코아 버터를 혼합하여 만든 것이다. 카카오 매스의 함량에 따라 다크, 화이트, 밀크 초콜릿으로 종류가 나뉜다. 카카오 매스의 함량이 높고 설탕의 함량이 낮으면 초콜릿 본연의 맛이 강해지는 다크 초콜릿이 된다.

　초콜릿을 먹으면 카카오 콩에 들어 있는 카페인 성분으로 인해 기분을 북돋워주는 효과가 있으며, 피로감을 줄여주고 뇌의 움직임을 활성화시키는 역할을 하기도 한다. 특히 정신을 안정시켜 마음의 상처를 치유해 주는 성분이 들어 있어 불안할 때, 흥분될 때 먹으면 좋은데, 당의 함량 또한 높아 지나치게 많이 먹는 것은 좋지 않다.

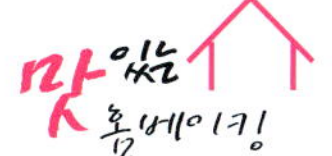 **맛있는 홈베이킹**

식빵을 사면 다 먹기 전에 딱딱해지거나 말라서 퍽퍽해 지는 경우가 종종 있다. 작은 식빵을 사도 요즘 가족 수가 워낙 적다보니 3~4일 지나면 식빵의 맛이 없어진다.
우리집은 식빵 사온 날 바로 식빵 반을 밀봉해 냉동실에 넣어 둔다. 일주일을 냉동 보관하더라도 상온에서 서서히 해동하면 사온 날처럼 폭신한 식빵을 먹을 수 있다. 단, 주의해야 할 점은 3~4일 지나 식감이 나빠진 식빵을 보관하는 게 아니라 사온 첫날 바로 냉동 보관해야 한다는 점이다.

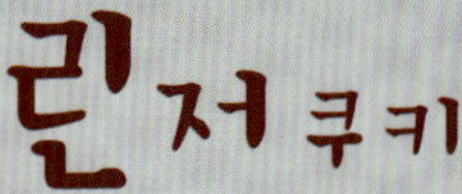

# 린저 쿠키

이 쿠키는 크리스마스의 이미지를 떠오르게 한다. 반짝이는 쿠키 아래로 보이는 빨간 딸기잼이 크리스마스의 축복을 가져올 것만 같다. 거리에 반짝이는 트리가 보이고 카페 창가에 포인세티아 화분이 자리하면 어느새 겨울이 왔음을 느끼듯이, 좋은 날 축하해 주고 싶은 사람이 생기면 린저 쿠키가 떠올랐으면 한다.

 ## 재 료

박력분 250g, 베이킹 파우더 2g, 버터 100g, 슈거 파우더 70g,
소금 1g, 달걀 1개, 장식용 우박 설탕·쨈·슈거 파우더 적당량

 ## 굽 기

190℃, 10분

## 만들기

1. 말랑해진 버터에 슈거 파우더와 소금을 넣고 섞는다.

2. 1에 달걀 노른자를 먼저 넣어 섞고, 흰자는 2~3번 나누어 섞어준다.

3. 2에 박력분과 베이킹 파우더를 체에 쳐서 넣고 주걱으로 자르듯이 섞는다.

4. 반죽을 밀대로 얇게 밀어 쿠키 커터기로 찍어준다.

5. 윗면에 올릴 쿠키엔 중간에 쨈이 보이도록 작은 커터기로 한 번 더 찍어준다. 우박 설탕 등으로 장식해도 된다.

6. 윗면과 아랫면은 따로 굽는다. 윗면은 중간에 구멍이 뚫여 있어 더 빨리 구워진다.

7. 오븐에 구워 식힌 후 쨈으로 위, 아래를 붙여준다. 슈가 파우더를 뿌려 장식하기도 한다.

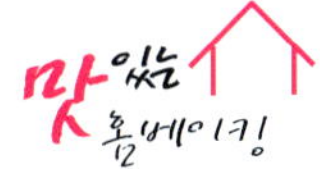

반죽을 밀어 커터로 찍어내는 쿠키의 경우 반죽이 밀대에 달라붙어 잘 밀리지 않을 때가 있다. 그럴 때는 비닐을 이용하는 것도 좋은 방법이 된다. 바닥에 비닐을 깔고 반죽을 올린 다음 다시 비닐로 덮어 밀면 반죽이 바닥에 달라붙는 것을 방지할 수 있을 뿐 아니라 반죽이 갈라지는 것도 예방할 수 있다. 비닐에 소량의 덧가루는 꼭 뿌리도록 한다.

# 아이싱 쿠키

아이싱 쿠키는 아이들에게 인기 만점인 쿠키이다. 각양각색으로 만들 수 있는 모양도 그렇지만 원하는 문구를 써 넣을 수 있어 만드는 재미가 쏠쏠하기 때문이다. 생일이라고 준비한 음식을 먹기만 하는 것보다 함께 쿠키를 굽고 생일 축하 메시지나 아이들의 이름을 적어 나눠 먹는 것이 훨씬 기억에 남을 것이다.

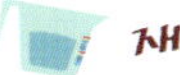 **재 료**

박력분 200g, 버터 60g, 소금 1g, 베이킹 파우더 2g, 설탕 70g,
달걀 1개, 장식용 흰자 30g, 슈거 파우더 60g, 소량의 색소

 **굽 기**

190℃, 10~15분

 **만들기**

1. 실온에 두어 말랑해진 버터에 설탕과 소금을 넣고 거품
   기로 섞는다.

2. 1을 뒤집었을 때 설탕이 쏠리지 않으면 달걀 노른자부
   터 넣고, 흰자는 2~3번 나누어 넣어 분리되지 않도록
   젓는다.

3. 2에 박력분과 베이킹 파우더를 체에 쳐서 넣고 주걱으
   로 자르듯이 섞는다.

4. 덧가루를 뿌려가며 0.5cm 정도의 두께로 반죽을 밀어
   준다.

5. 원하는 쿠키 커터로 모양을 찍어낸다.

6. 크기가 비슷한 쿠키들끼리 같은 팬에 올려 굽는다.

7. 쿠키가 식은 후 장식용 흰자와 슈거 파우더를 섞고 원
   하는 색소를 넣어 예쁘게 꾸며준다.

1.

2.

3.

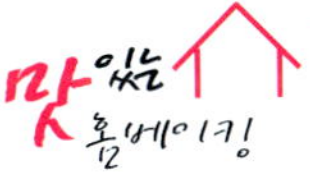

쿠키나 케이크의 외부 장식을 목적으로 덧바르는 것을 아이싱이라고 한다. 주로 사용하는 기본 장
식용 크림이 눈처럼 흰색인 것에서 이름이 유래되었다.

# 바나나 아이스크림

아이스크림보다 셔벗에 가까운 형태이다. 일반 아이스크림이 만
드는 과정도 번거롭고, 만들 때마다 온 힘을 다해 긁어내는 것이
부담스러웠다면 꼭 한 번 해 먹어보라고 권하고 싶다. 쉽게 만들
수 있는 디저트 혹은 간식으로는 최고의 메뉴가 아닐까 싶다.

 **재 료**

바나나 1개, 레몬즙 1큰술, 계피 1작은술, 요거트 80g, 달걀 흰자 2개,
설탕 2큰술

 **만들기**

1. 바나나는 껍질을 벗기고 매셔나 포크 등으로 부드럽게
   으깨어 준비한다.

2. 달걀 흰자는 실온에 미리 꺼내 두었다가 설탕을 넣어
   가며 빠르게 저어 머랭을 만든다. 거품기를 들어올렸
   을 때 고깔 모양이 생기면 머랭이 완성된 것이다.

3. 1의 으깬 바나나와 레몬즙, 계피, 요거트를 넣고 골
   고루 섞는다.

4. 3에 2의 머랭을 고루 섞어준다.

5. 4를 그릇에 넣고 냉동실에서 굳힌다.

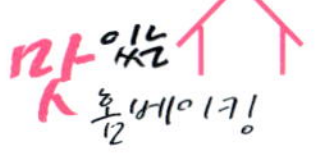


**바나나 샌드**

**재 료**  바나나 2개, 생크림 또는 플레인 요거트 80g, 각종 과일 적당량, 이쑤시개

**만들기**  1. 바나나는 양쪽이 비슷하게 반으로 잘라 놓는다.
    2. 다른 과일은 집에 있는 것으로 준비해 잘라 놓은 바나나에 올릴 수 있도록 손질해 둔다.
    3. 1의 바나나 한쪽에 생크림이나 플레인 요거트를 바르고 2의 과일을 올리고 나머지 바
       나나로 덮어준 후 이쑤시개로 고정한다.

**맛있는 홈베이킹**

알록달록한 인공 색소와 각종 첨가제 때문에 아이스크림 먹기가 걱정된다면 집에서 직접 아이스
크림을 만들어 먹어보자. 우유, 생크림, 설탕, 달걀을 기본으로 하여 과일, 녹차 등 더하는 재료를
달리하면 다양한 종류의 아이스크림을 만들 수 있다.
홈메이드 아이스크림을 맛있게 먹으려면 식빵이나 쿠키 사이에 끼워 먹거나 주스에 얼음 대신 넣
어 마셔도 되고 아이스크림을 갈아서 빙수처럼 먹어도 색다른 맛을 느낄 수 있다.

# 생크림 케이크

케이크라고 했을 때 가장 먼저 떠오르는 것이 생크림 케이크일 것이다. 요즘은 케이크 종류가 다양해졌지만 그래도 아직까지는 생크림 케이크가 인기 상위권을 차지하고 있다. 생크림 케이크는 집에서 만들기 비교적 쉬운 케이크로 아주 약간의 센스만 발휘하면 된다. 홈메이드 베이킹의 최대 장점은 내가 좋아하는 재료를 듬뿍 사용할 수 있어 평소 좋아하는 과일을 마음껏 먹을 수 있다는 것이다.

카스텔라 1봉, 휘핑크림 200mL, 과일 적당량

1. 휘핑크림은 차게 해서 휘핑한다. 볼 밑에 얼음물을 받쳐 두고 휘핑하면 좀 더 빨리 쉽게 완성할 수 있다.

2. 카스텔라는 2번 정도 잘라 3장을 만든다. 3장의 카스텔라 사이사이에 작게 자른 과일과 생크림을 발라 쌓는다. 제일 위 카스텔라는 뒤집어 덮어 편평한 모양이 되도록 한다.

3. 1의 카스텔라 윗면에 스파츌라를 이용하여 생크림을 고르게 발라준다. 옆쪽에도 고루 발라 카스텔라를 완전히 감추고 깔끔하게 생크림을 정리한다. 이때 돌림판이 있으면 훨씬 수월하게 생크림을 바를 수 있다.

4. 짤주머니에 남은 생크림을 넣어 2의 케이크에 원하는 모양으로 짜서 꾸며준다. 지나치게 과한 장식은 보기에도 안좋을 뿐더러 식감까지 떨어뜨릴 수 있으므로 주의한다.

5. 준비된 생과일을 얹어 예쁘게 장식한다.

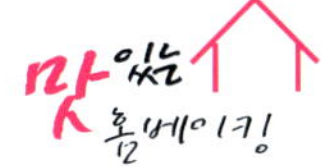

### 생크림과 휘핑크림의 차이

마트 유제품 코너에 보면 '생크림' 이라고 적힌 상품과 '휘핑크림' 이라고 적힌 상품을 볼 수 있다. 생크림은 우유를 원심분리로 농축해 만든 유지만 18% 이상의 동물성 유지방으로만 이루어진 것으로 풍미면에서는 뛰어나지만 휘핑력과 저장면에서 좀 떨어지는 단점이 있다. 일반적으로 휘핑크림이라고 불리는 것은 유지방이 30% 이상의 생크림과 유지방에 식물성 유지와 유화제, 안정제 등을 혼합해 만든 가공크림이다. 휘핑크림은 제조사에 따라 설탕이 첨가된 가당이 있고 설탕이 첨가되지 않은 무가당이 있다. 맛을 보고 취향에 따라 설탕을 조절해 사용하도록 한다. 생크림과 휘핑크림을 쉽게 구분하려면 크림 파스타를 만들 때는 생크림을 구입하고, 케이크처럼 크림에 힘이 있어야 한다면 휘핑크림을 구입한다.

# 누드 생과일 케이크

케이크라고 하면 누구나 가지고 있는 어떤 선입견들이 있다. 동그란 모양, 사이사이에 있는 크림,
반듯하게 놓여있는 장식물들. 이렇게 자로 잰 듯 딱 떨어지는 케이크가 재미없다면 도전해 볼만
하다. 만드는 방법도 '이게 뭐야?' 할 정도로 쉬운 편이다. 하지만 조금은 색다른 케이크로 축하
해 주고 싶다면 적극 추천해 주고 싶은 아이템이다.

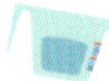

## 재 료

휘핑크림 200mL, 카스텔라 1봉, 과일 적당량, 투명띠지

## 만들기

1. 준비한 카스텔라는 반으로 잘라 하나는 놔두고 하나만 투명 띠지를 두르고 고정한다.

2. 과일은 껍질이 있는 경우 껍질을 제거하거나 깨끗이 씻은 후 한입 크기로 잘라 준비한다. 과즙이 흐를 수 있는 과일의 경우 과즙이 흘러나와 케이크의 모양이 흐트러지거나 보기에 안 좋을 수 있으니 피하는 것이 좋다.

3. 띠지를 두른 카스텔라 위에 생크림을 바르고 준비한 과일을 올려준다.

4. 3에 남은 카스테라를 올리고 생크림을 짜준다.

5. 과일로 먹음직스럽게 장식하여 마무리한다.

1.

3.

5.

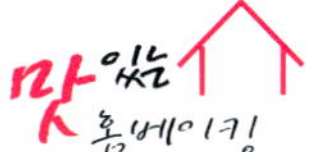

과일을 올린 케이크의 경우 좀 더 맛있게 보이기 위해 혹은 보관상의 이유로 과일 표면에 광택제를 바른다. 대부분의 시판 케이크들이 이 광택제를 빠트리지 않고 바르는데 광택제는 필수가 아니다. 만들어서 바로 먹는 경우라면 굳이 광택제를 바를 필요가 없고 좀 더 맛있게 보이고 싶다면 집에 있는 살구잼이나 투명한 잼을 조금 발라 주면 된다. 조금 더 신경쓰고 싶다면 꿀에다 더운 물을 약간 섞어 가볍게 발라주면 광택도 나고 과일도 마르지 않게 된다.

# 초코 롤케이크

특별한 날, 케이크가 필요한데 매번 사먹는 흔한 케이크는
싫고 만들어 먹으려니 맛에 자신 없다면 이 초코 롤케이크
를 강력 추천하고 싶다. 준비물은 시판되는 초코 카스테라
와 생크림만 있으면 해결된다. 후다닥 만들어 다 같이 즐
거운 시간을 보내기에 딱 안성맞춤인 메뉴이다.

138

 ### 재 료

초코 카스텔라 1봉, 생크림 적당량, 장식용 과일

 ### 만들기

1. 초코 카스텔라는 5cm 정도로 일정한 넓이로 잘라 놓는다.
2. 초코 카스텔라에 생크림을 바르면서 달팽이 모양으로 돌돌 말아준다.
3. 2 위에 제철 과일이나 케이크 장식용 재료들로 장식한다.

## 바나나 주스

요즘 다이어트 식품으로 인기를 끌고 있는 바나나. 초코 롤케이크와 함께 주스로 만들어 먹으면 든든한 간식이 된다.

**재 료**  바나나 1개, 요구르트 3개 또는 우유 1컵, 얼음 적당량

**만들기**
1. 바나나는 껍질을 벗겨 토막을 낸다.
2. 믹서에 바나나를 넣고 요구르트 또는 우유를 얼음과 함께 넣어 곱게 갈아준다.

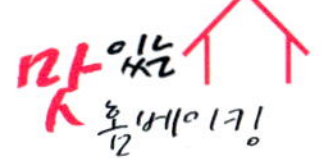

### 생크림 휘핑하기

생크림은 식감이 뛰어난 반면 휘핑하기 어려우며 저온에서 휘핑이 잘 되기 때문에 휘핑할 용기와 생크림을 차갑게 보관했다가 사용하도록 한다. 하지만 생크림이 얼어 버리면 유지방과 수분이 분리되어 휘핑이 잘 되지 않을 수 있으니 냉동실에서 보관하는 것은 좋지 않다.

여름철 생크림을 휘핑할 때는 볼 밑에 얼음을 깔고 하거나 얼음 그릇에 휘핑할 용기를 올려놓고 사용하면 된다. 기계를 이용해 휘핑할 때도 지나치게 휘핑할 경우에도 유지방과 수분이 분리되거나 질감이 푸석해지므로 주의한다. 주걱으로 크림을 가로질러 떠봤을 때 모양이 흐트러지지 않고 계속 유지되거나 생크림을 뒤집었을 때 고깔 모양이 맺히면 알맞게 휘핑된 것이다. 생크림을 상온에 오래두면 거품이 가라앉고 흘러내릴 수 있으니 휘핑이 끝나면 사용하기 전까지 냉장실에 넣어두는 것이 좋다.

# 초코무스

무스는 크림이나 젤리에 거품을 일게 하여 설탕이나 향료를
넣고 차게 식혀 먹는 것으로, 식사의 첫 번째나 메인 요리를
먹기 전 가볍게 즐기는 메뉴이다. 일반 초콜릿이 먹으면 깊은
맛이 느껴지는 대신 무거운 느낌이 있다면, 초코 무스는 부드
러워서 부담이 덜하다. 거기다 원하는 모양으로 만들 수 있어
먹는 재미에 보는 재미, 만드는 재미까지 더할 수 있다.

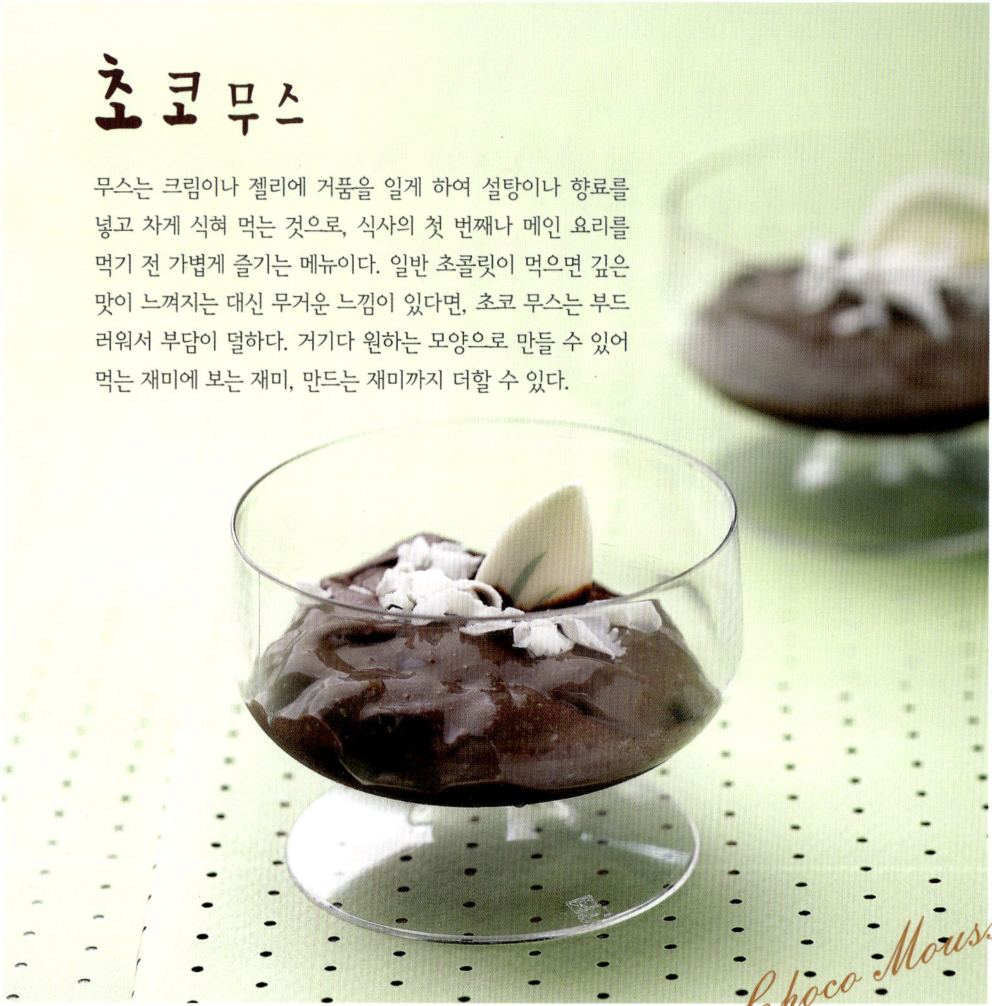

 **재 료**

초콜릿 100g, 달걀 3개,
설탕 40g, 물 2숟가락

 **만들기**

1. 초콜릿에 물을 넣고 중탕으로 녹여 준비한다.

2. 녹인 초콜릿에 달걀 노른자를 넣고 섞어준다.

3. 달걀 흰자에 설탕을 넣고 저어 머랭을 만든다.

4. 2의 초콜릿에 머랭을 넣어 고루 섞은 후 원하는 용기에
   담아 냉동실에서 2~3시간 동안 굳힌다.

# 뻥튀기 와플

요즘 패스트푸드점에서도 와플 세트를 판매할 정도로 와플의 인기가 대단하다. 와플은 먹는 사람의 취향에 따라 아이스크림이나 생크림을 올려먹기도 하고 잼을 발라 먹기도 한다. 와플은 먹고 싶은데 매번 밖에 나가기도 사먹기도 그렇고, 와플 팬을 구매해서 집에서 만들어 먹기도 부담스러울 때 뻥튀기를 이용한 좋은 방법이 있다. 특히 불을 사용하지 않기 때문에 아이들과 즐겁게 만들 수 있다.

### 재 료

뻥튀기 3장, 아이스크림 2큰술, 초코 시럽 · 과일 적당량

### 만들기

1. 과일은 먹기 좋은 크기로 잘라 준비한다.

2. 접시에 뻥튀기와 과일, 아이스크림을 먹기 좋게 담아준다.

3. 2에 시럽을 모양내어 뿌려 마무리한다.

## 도움 주신 분

**d & b**
서울시 중구 방산동 63번지
Tel. 02) 2267-4000
베이커리 도구 / 슈거크래프트 도구
www.bakingmall.com

**국제상사**
대구시 동구 용례동 331-4
Tel.053) 746-0188
제과제빵 재료 / 개업 상담
www.kukjebm.co.kr

# 엄마표 빵·과자 만들기

2011년 3월 20일 인쇄
2011년 3월 25일 발행

저자 : 최연지
펴낸이 : 남상호

펴낸곳 : 도서출판 **예신**
www.yesin.co.kr

140-896 서울시 용산구 효창동 5-104
대표전화 : 704-4233, 팩스 : 335-1986
등록번호 : 제03-01365호(2002. 4. 18)

**값 12,000원**

ISBN : 978-89-5649-088-5

bread & cookie